高职高专国家示范性院校机电类专业课改教材

# 高压开关柜装配、调试及运行实训教程

主　编　王永红

副主编　冯　毅　王文恒

参　编　贾晨霞　张惠丽

主　审　李　洁　王晓春

西安电子科技大学出版社

# 内 容 简 介

　　本书根据本科教育及高职高专教育的特点，注重动手实践能力的培养。以培养职业岗位核心能力为目标，项目引导，学、操、练结合，精选教学内容，力求叙述简练、实用，为学习与实践提供重要的指导依据。

　　本书分为八个训练项目、八个综合实训项目和两个附录，主要介绍了变电所供配电系统认识，变电所高低压设备运行与维护，电气设备绝缘耐压试验，变电所倒闸操作，PT柜绝缘监测电路实操、接线与调试，高压进线柜过流保护电路实操、接线与调试，自动重合闸装置实操、接线与调试，备用电源的自动投入电路实操、接线与调试，继电保护二次接线工艺，高压进线两段过流保护柜装配与调试，变压器保护柜装配与调试，高压电动机保护柜装配与调试，PT柜装配与调试，微机综合保护柜装配与调试，高压出线柜自动重合闸线路装配与调试，低压配电柜备用电源自动投入装置接线与调试，国家相关规程与规定，变电所相关制度等。

　　本书可以作为高职高专电气自动化、机电一体化电力系统自动化、风力发电设备制造与维修等专业及其他相关专业的教材，还可以作为在职人员岗位培训的参考用书。

**图书在版编目(CIP)数据**

高压开关柜装配、调试及运行实训教程/王永红主编.
一西安：西安电子科技大学出版社，2015.9(2020.8 重印)
ISBN 978 - 7 - 5606 - 3778 - 5

Ⅰ. ① 高…　Ⅱ. ① 王…　Ⅲ. ① 高压开关柜—设备安装—教材 ②高压开关柜—调试方法—教材
Ⅳ. ① TM591

**中国版本图书馆 CIP 数据核字(2015)第 197125 号**

| | |
|---|---|
| 策划编辑 | 秦志峰 |
| 责任编辑 | 秦志峰　马　静 |
| 出版发行 | 西安电子科技大学出版社(西安市太白南路2号) |
| 电　话 | (029)88242885　88201467　　邮　编　710071 |
| 网　址 | www.xduph.com　　　　电子邮箱　xdupfxb001@163.com |
| 经　销 | 新华书店 |
| 印刷单位 | 陕西天意印务有限责任公司 |
| 版　次 | 2015年9月第1版　2020年8月第4次印刷 |
| 开　本 | 787毫米×1092毫米　1/16　印张13 |
| 字　数 | 307千字 |
| 印　数 | 3001~4000册 |
| 定　价 | 39.00元 |

ISBN 978 - 7 - 5606 - 3778 - 5/TM

**XDUP　4070001 - 4**

# 前　　言

　　本书是以企业岗位工作任务为导引，以与企业合作开发的实训设备为载体，配合"供配电系统运行与维护"、"继电保护技术"、"电力系统自动装置"、"电力系统运行与维护"等多门一体化课程教学改革而编写的配套实训教材。本书以培养电力系统运行与维护、高压开关柜装配与调试等岗位能力为目标，以学生为主体展开实践教学，重点训练学生变电站运行与实操、高压开关柜二次接线装配与调试、电力系统自动装置及微机综合保护的装配与调试等能力；同时将变电站运行维护规程、高压开关柜二次接线工艺、企业故障案例、职业岗位安全操作制度等融入内容中，是校企合作共同编写的项目化实训教材。

　　本书内容设计突出了编写思路的创新性、实用性和针对性，先选择在10 kV供配电实操装置上进行实操训练项目，再到继电保护综合实训装置上进行高压开关柜的装配、布线与调试综合项目。考虑到学生的接受能力，项目设计循序渐进，由简单，再到复杂，最后到综合，同时将任务单、报告单、任务评价单设计在相应的项目中。整个设计意在重点培养学生编写项目实施计划、进行自我评价、撰写报告及提高团队协作意识等综合能力。

　　具体而言，本书的创新性、实用性及针对性体现在以下方面：

　　创新性——以项目引导，"学、演、练"一体，"学、做"一体，注重岗位能力与综合素质的培养。

　　实用性——以与企业合作开发的实训设备为实训载体，注重校内培养能力与职业岗位能力的零对接，实训项目设计体现专业知识与岗位技能的相互渗透，具有较强的实用性。

　　针对性——针对岗位能力培养和学生接受能力循序渐进设计项目，先简单，再复杂，最后到综合项目，符合高职教育培养理念。

　　本书为学习与实践提供了重要的指导依据，适合大学本科及高职高专电气自动化、机电一体化电力系统自动化、风力发电设备制造与维修等专业及其他相关专业使用，还可作为在职人员岗位培训参考用书。本书内容可根据需要和教学时数的不同进行取舍。

　　本书由包头职业技术学院王永红教授担任主编，冯毅、王文恒担任副主编，贾晨霞、张惠丽参编，内蒙古科技大学教授李洁和北方重工业集团有限公司高级工程师王晓春担任主审。具体编写分工如下：训练项目 5、6、7 和综合实训 2、3、4、5 及前言由王永红编写；训练项目 2、8 和综合实训 6、7 由冯毅编写；训练项目 1、3、4 和综合实训 1、8 及附录 2 由王文恒编写；项目中的故障案例由王晓春编写；附录 1 由贾晨霞编写；电路图由张惠丽整理、修改。全书由王永红负责统稿。

　　由于编者水平有限，书中难免有疏漏之处，殷切希望使用本书的师生和读者批评指正。

编　者<br>2015 年 5 月

# 目　录

## 第一部分　训 练 项 目

## 第二部分　综合实训

# 第一部分　训练项目

# 训练项目 1　变电所供配电系统认识

## 一、项目描述

通过对变电所供配电系统的实物认识，对整个变电所供配电系统形成整体的认识，并了解变电所供配电系统组成、功能及运行值班电工岗位职责，熟悉今后所从事的工作岗位，为学习课程的后续内容奠定实践认识基础。

## 二、教学目标

(1) 了解变电所供配电系统组成及高低压室、变压器室结构及功能。
(2) 变电所高低压器件、高低压母线、三相油浸式电力变压器及高低压开关柜的实物认识。
(3) 明确值班电工岗位职责及要求。

## 三、学时安排

现场教学 2 学时。

## 四、实训设备

变电所设备如图 1-1 所示。

图 1-1　变电所高压室、低压室及变压器室设备

## 五、教学实施

教学采用变电所设备现场认识教学组织形式，理论与现场实物认识一体，学生分两组展开实践教学过程。

## 六、实训内容

### 1. 变配电所的任务与类型

(1) 变电所的任务：受电、变电、配电。
变电所的特点：含有变压器，进线与出线的电压不同。
(2) 配电所的任务：受电与配电。
配电所的特点：无变压器，进、出线电压一样。
一般变电所与配电所合建在一起。变配电所供配电系统如图 1-2 所示。

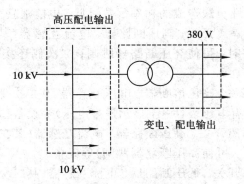

图 1-2 变配电所供配电系统图

**2. 变配电所的类型**

变配电所类型分为升压变电所(电厂内)、总降变电所(大型工厂)、车间变电所(中小型工厂)。车间变电所按照变压器的安放位置分为以下几种:

(1) 车间内变电所,分为内附式、外附式。

(2) 露天变电所。

(3) 独立变电所。

(4) 杆上变电台。

(5) 地下变电所。

(6) 成套变电所。

(7) 移动变电所。

**3. 变电所供配电系统的认识**

某变电所供配电系统如图 1-3 所示。该 10 kV 变电所是由地方变电站输送的 1 路 10 kV 架空线进线。架空线通过户外电杆装设了 10 kV 真空断路器、氧化锌避雷器,再通过一段电缆线进入变电所高压室的高压进线柜,电能经高压进线柜送至高压母线上,计量柜和出线柜的电能由高压母线获得,并分配输出。高压室设置有高压进线柜、电压互感器柜、高压出线柜。高压出线经过一段电缆,进入变压器室,接在三相变压器的高压侧出线端母线上,再经过变压器降压,通过变压器的低压侧出线端母线,将电能送至低压配电室的低压进线柜和低压母线上。低压室设置有低压进线柜、低压出线柜、低压无功补偿柜。由每个低压出线柜再分别将 380 V/220 V 电能输送到各个用户。低压无功补偿柜是用来提高功

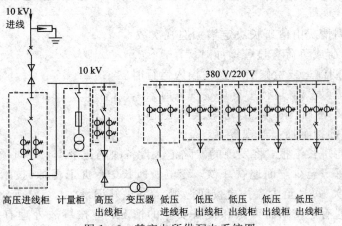

图 1-3 某变电所供配电系统图

率因数，用以补偿由于感性负载造成的功率因数过低、电能浪费而设置的补偿装置。

高压进线柜有上、下隔离开关，高压断路器，电流互感器(其二次侧接过流保护装置，当高压进线发生相间短路时，可使高压断路器跳闸；二次侧还接有电流表，用于显示进户电流)等设备。

计量柜有高压隔离开关、高压熔断器、电压互感器(其二次侧接计量用的有功电度表、无功电度表；二次侧还接有电压表，用于显示进户电压)等设备。

高压出线柜有高压隔离开关、高压断路器、电流互感器(其二次侧接过流保护装置，当高压出线发生相间短路时，可使高压断路器跳闸)等设备。

低压进线柜有低压刀开关、低压断路器、电流互感器(其二次侧接电流表，用于显示进线电流)等设备。

低压出线柜有低压刀开关、低压断路器、电流互感器(其二次侧接电流表，用于显示出线电流)等设备。

低压无功补偿柜有低压刀开关、低压断路器、补偿电容、相位表等设备。

**4. 思考与练习**

通过变电所现场实物的认识，画出详细的变电所供配电系统组成框图，并说出各部分的作用。

## 七、值班员岗位制度

**1. 值班员岗位责任制**

(1) 在值班长领导下，完成本班的设备巡视、运行记录、倒闸操作、事故处理、设备维护工作。

(2) 认真、严肃、正确地执行各项规程制度，遵守运行纪律。

(3) 正确填写倒闸操作表，做好操作准备工作，并迅速正确地执行操作任务。

(4) 认真做好各种表计、信号和自动装置的监视工作，在值班长统一指挥下迅速正确地处理事故。

(5) 做好设备及室内外整洁卫生工作，搞好文明生产。

(6) 加强学习，做到"三熟三能"。

**2. 设备巡回检查制度**

(1) 值班人员对运行和备用(包括附属)设备及周围环境，按照运行规程的规定进行定期巡视。

(2) 遇有下列情况由值班长决定增加巡视次数：

① 设备过负荷或负荷有显著增加时。

② 新装、长期停运或检修后的设备投入运行时。

③ 设备缺陷有发展，运行中有可疑现象时。

④ 遇有大风、雷雨、浓雾、冰冻等天气变化时。

⑤ 根据领导的指示加强巡视等。

(3) 巡视后向班长汇报，将发现的缺陷记入设备缺陷记录本，并向领导汇报。

(4) 值班长每班至少全面巡视一次，变电所所长、专责工程师(技术员)，每周分别进行监督性巡视一次(每月至少有一次夜间巡视)，并做好记录。

(5) 巡视时遇有严重威胁人身和设备安全的情况，应按事故处理有关规定进行处理，并同时向领导汇报。

# 训练项目 1 变电所供配电系统认识 任务单

| 训练项目 1 变电所供配电系统认识 | | | | 姓名 | 学号 | 班级 | 组别 | 实训时间 |
|---|---|---|---|---|---|---|---|---|
| 学时 | 2 学时 | 辅导教师 | | | | | | |

**项目描述：**

    1. 通过变电所供配电系统实物认识，了解变电所供电系统组成、功能及运行值班电工岗位职责，熟悉今后所从事的工作岗位，为学习课程的后续内容奠定实践认识基础，对整个变电所供配电系统有一个整体的认识。

    2. 写出实践总结报告。

**教学目标：**

    1. 认识变电所的高压室、低压室、变压器室的结构及功能。

    2. 感官认识变电所高、低压开关柜及其器件，高、低压母线，变压器外部结构。

    3. 明确变电所值班电工岗位职责及要求。

    4. 具有专业理论知识与实践运用能力；具有项目的计划、实施与评价能力。

**实训设备：**

    变电所现场设备。

# 训练项目1 变电所供配电系统认识 评价单

| 姓名 | | 学号 | | 班级 | | 组别 | | 成绩 | |
|---|---|---|---|---|---|---|---|---|---|
| 训练项目1 变电所供配电系统认识 | | | | | | 小组自评 | | 教师评价 | |
| 评 分 标 准 | | | | 配分 | 扣分 | 得分 | 扣分 | 得分 | |
| 一、器件实物认识与知识的运用(50分) | 1. 变电所组成结构 | | | 10 | | | | | |
| | 2. 高低压母线区别 | | | 10 | | | | | |
| | 3. 母线上颜色的含义 | | | 10 | | | | | |
| | 4. 高压室、低压室、变压器室作用 | | | 10 | | | | | |
| | 5. 值班电工岗位职责 | | | 10 | | | | | |
| 二、绘制变电所供配电系统图(30分) | 1. 准确绘制变电所系统图 | | | 15 | | | | | |
| | 2. 准确说明变电所组成系统作用 | | | 15 | | | | | |
| | 3. 绘制变电所系统图不合理或错误每项扣5分 | | | | | | | | |
| 三、协作组织(10分) | 1. 小组在装配、布线、调试工作过程中，出全勤，团结协作，制定分工计划，分工明确，积极动手完成任务 | | | 10 | | | | | |
| | 2. 不动手，或迟到早退，或不协作，每有一处，扣5分 | | | | | | | | |
| 四、汇报与分析报告(10分) | 项目完成后，按时交实训总结报告，内容书写完整、认真 | | | 10 | | | | | |
| 五、安全文明意识(10分) | 1. 不遵守操作规程扣5分 | | | 10 | | | | | |
| | 2. 结束不清理现场扣5分 | | | | | | | | |
| 总 分 | | | | | | | | | |

# 训练项目1 变电所供配电系统认识 报告单

| 姓名 | | | | | 学时 | 辅导教师 |
|------|---|---|---|---|------|--------|
| 分工<br>任务 | | | | | | |
| 工具 | | | | | | |
| 测试仪表 | | | | | | |
| 调试仪器 | | | | | | |

一、变电所结构组成及各部分作用

二、变电所供配电系统组成框图

# 训练项目 1　变电所供配电系统认识　报告单

三、母线特点

四、总结报告

| 项目实施过程<br>问题记录 | | | | |
|---|---|---|---|---|
| | 记录员 | | 完成日期 | |

# 训练项目 2 变电所高低压设备的运行与维护

## 一、项目描述

（1）网上调研与查阅相关资料，查阅"五防"开关柜相关内容及实物图片。

（2）在供配电系统实训室中，学习高低压开关柜中的高低压设备、母线、绝缘子、互感器、避雷器等内容，并现场能对应识别出上述设备，并说出其作用。

（3）查阅、熟知相关的高压一次设备运行与检修规程。

（4）小组互考，完成识别现场高低压开关柜中所有设备的教学任务。

## 二、教学目标

（1）具备查阅高压一次设备实物图片、运行与检修规程的能力。

（2）明确"五防"开关柜含义，现场能够认识高低压开关柜中的高低压器件、母线、绝缘子、互感器、避雷器等，并说出其各自作用。

（3）能够认识高低压器件符号，熟知高压一次设备运行与检修规程。

（4）具备自学、组织、协调与语言表达能力。

## 三、学时安排

4 学时。

## 四、实训设备

供配电系统实训装置如图 2-1 所示。

图 2-1 供配电系统实训装置

## 五、教学实施

教学采用现场教学组织形式，学生分小组，理实一体完成变电所现场高低压设备认识学习过程。最后，通过小组之间高低压设备实物互考，完成整个教学过程。

## 六、实训内容

### 1. 变电站(所)电路的认识

变电站(所)电路分为一次电路和二次电路。

一次电路(一次回路、主电路、主接线)：担负着输送、分配电能任务。

二次电路：对电气一次电路设备的工作状况进行监测、控制和保护。

因此变电站(所)设备包括一次电路的高低压一次设备、二次电路的继电保护设备及监视显示仪表。本项目重点学习一次电路的高低压设备。

**2. 变电所设备的认识**

变电所设备有以下类型：

能量转换的设备：变压器。

开关设备：高压隔离开关、高压断路器、高压负荷开关、低压刀开关、低压刀融开关、低压断路器等。

隔离、变换作用的设备：电压互感器(PT)、电流互感器(CT)。

保护设备：高、低压熔断器，避雷器。

载流导体：母线、绝缘子和电缆。

无功补偿设备：电力电容。

成套设备：高压开关柜、低压配电屏、动力配电箱、照明配电箱。

1) 高压开关柜

高压开关柜是由一次、二次设备组成的一种成套配电装置。

国内生产的 10~35 kV 的高压开关柜系列较多，如 GG 系列、JYN 系列、KYN 系列、GBC 系列、KGN 系列、XGN 系列、XYN 系列等。按主开关的安装方式，分为固定式和移开式(手车式)高压开关柜；按开关柜隔室结构，分为铠装型、间隔型和箱型高压开关柜；按柜内绝缘介质，分为空气绝缘和复合绝缘高压开关柜。

认识以下三种常用的高压开关柜类型。

(1) 固定式高压开关柜。如图 2-2 所示是 GG—1A(F)—07S 型固定式高压开关柜的结构与外形图。如图 2-3 所示是 XGN2—12 箱型固定式金属封闭开关柜。

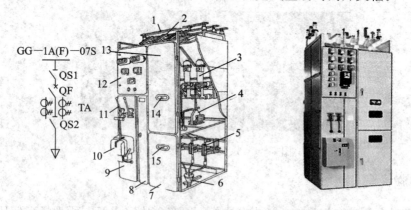

1—母线；2—母线侧隔离开关(QS1，GN8—10 型)；3—少油断路器(QF，SN10—10 型)；
4—电流互感器(TA，LQJ—10 型)；5—线路侧隔离开关(QS2，GN6—10 型)；6—电缆头；
7—下检修门；8—端子箱门；9—操作板；10—断路器的手动操作机构(CS2 型)；
11—隔离开关的操作机构手柄；12—仪表继电器屏；13—上检修门；14、15—观察窗口
图 2-2　GG—1A(F)—07S 型固定式高压开关柜结构与外形图

图 2-3 XGN2—12 箱型固定式金属封闭开关柜外形图

这种开关柜是防误型产品,开关柜装设了防止电气误操作和保障人身安全的闭锁装置。开关柜的"五防"是指防止误分、误合断路器;防止带负荷误拉、误合隔离开关;防止带电误挂接地线;防止带接地线误合隔离开关;防止人员误入带电间隔。

(2)手车式高压开关柜。GCD—10(F)型手车式高压开关柜结构及外形如图 2-4 所示。手车式高压开关柜是由主柜体与手车两大部分组成的。其特点是高压断路器装在可以拉出和推入开关柜的手车上,当高压断路器出现故障需要检修时,可以随时将手车拉出进行维修。与采用固定式高压开关柜相比,手车式高压开关柜具有检修安全方便的优点,是目前普遍采用的一种开关柜类型,但其价格较固定式高压开关柜贵些。

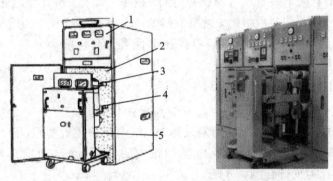

1—仪表屏;2—手车室;3—上触头(兼起隔离开关作用);
4—下触头(兼起隔离开关作用);5—SN10—10 型断路器手车
图 2-4 GCD—10(F)型高压开关柜结构与外形图

新系列高压开关柜型号的含义如图 2-5 所示。

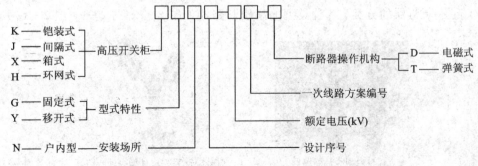

图 2-5 新系列高压开关柜型号

旧系列高压开关柜型号的含义如图 2-6 所示。

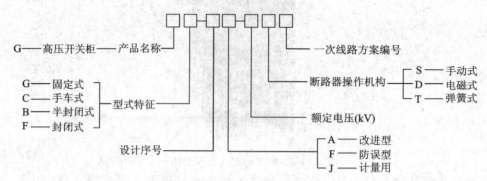

图 2-6　旧系列高压开关柜型号

如 JYN1—40.5(Z)型开关柜属于间隔移开式交流金属封闭开关设备，其型号含义为 J 表示间隔式开关设备，Y 表示移开式（指手车），N 表示户内型，额定电压为 40.5 kV。

（3）SM6 高压环网柜。SM6 高压环网柜是将电气一次电路中的高压断路器、隔离开关、母线、接地开关、电流互感器、电压互感器、避雷器、出线套管、电缆终端头等设备，按具体接线的要求，组合在一个封闭的接地的钢制壳体内，充以一定压力的 SF₆ 气体，形成以 SF₆ 气体为绝缘和灭弧介质的金属封闭式开关设备。其优点是运行安全，检修周期长，维护工作量小，大量节省配电装置所占面积和空间，减小电动力，抗震性能好。其缺点是对材料性能、加工精度和装配工艺要求极高，需要专门的 SF₆ 气体系统和压力监视装置，价格较高。

高压开关柜中含有的高压一次设备有高压断路器、高压隔离开关、电压互感器、电流互感器、高压熔断器等。

2）高压断路器

（1）作用。高压断路器具有开关控制及短路保护作用。

短路保护作用是当电力线路发生短路故障时，继电保护装置动作，使高压断路器跳闸。

（2）特点。高压断路器能通断短路电流和正常的负荷电流，具有灭弧装置，可以带负荷操作，配有操动机构进行合闸、分闸。

（3）电气符号，如图 2-7 所示。

图 2-7　高压断路器的电气符号

（4）高压断路器的分类。各种类型的高压断路器如图 2-8、图 2-9、图 2-10 所示。

(a) 户内型少油断路器　　　　(b) SW6 系列户外型少油断路器

图 2-8　少油断路器

(a) ZN3—10型真空断路器

(b) ZN28—12/1250—31.5型真空断路器

(c) ZW7—40.5型真空断路器

图 2-9 户内、户外型真空断路器

(a) LW8—40.5SF₆断路器

(b) LN2—10型高压SF₆断路器

图 2-10 户内、户外型六氟化硫断路器

高压断路器按灭弧介质的不同可分为以下几种类型：

油断路器：采用绝缘油作为灭弧介质的一种断路器，分为多油断路器(D)和少油断路器(S)。目前，变电站(所)已经不用此类型了。

真空断路器(Z)：采用真空作为灭弧介质的一种断路器，是目前普遍采用的一种断路器。

六氟化硫(SF₆)断路器(L)：采用 SF₆ 气体作为灭弧和绝缘介质的一种断路器，也是目前实际中使用的一种断路器。

高压断路器型号的含义如图 2-11 所示。

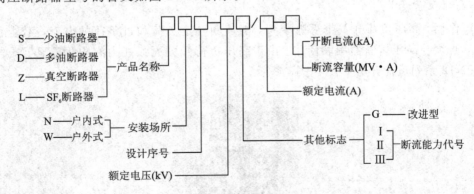

图 2-11 高压断路器的型号

3) 高压隔离开关

(1) 作用。隔离高压电源，确保检修安全。

（2）特点。无灭弧装置，不允许带负荷操作，需配手操器操作。

（3）电气符号，如图 2-12 所示。

图 2-12　高压隔离开关的电气符号

户内、户外式高压隔离开关的外形如图 2-13 所示。

(a) GN8—10/600高压隔离开关　　(b) GW7系列高压隔离开关　　(c) GW5系列高压隔离开关

图 2-13　户内、户外式高压隔离开关的外形结构图

高压隔离开关型号的含义如图 2-14 所示。

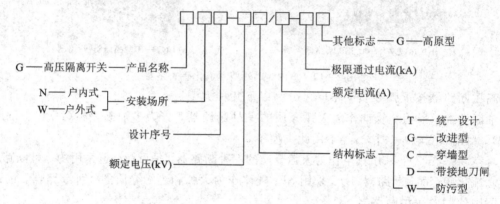

图 2-14　高压隔离开关的型号

4）高压负荷开关

（1）作用。高压负荷开关带灭弧装置，能通断一定负荷和过负荷的电流，不能通断短路电流，必须与高压熔断器串联使用。由于高压负荷开关灭弧能力有限，需配手操器进行操作。FN12 系列负荷开关如图 2-15 所示。

图 2-15　FN12 系列负荷开关

（2）电气符号，如图 2-16 所示。

图 2-16　高压负荷开关的电气符号

高压负荷开关型号的含义如图 2-17 所示。

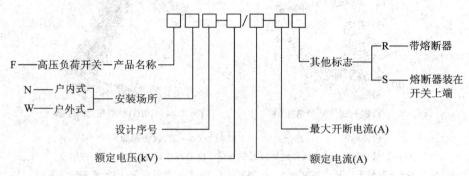

图 2-17　高压负荷开关的型号

5）高压熔断器

熔断器的作用主要是对电路及电路设备进行短路保护。

（1）电气符号，如图 2-18 所示。

图 2-18　高压熔断器的电气符号

（2）RN1 和 RN2 型户内高压管式熔断器。RN1 和 RN2 型的结构基本相同，都是在瓷质熔管内填充石英砂填料的密闭管式熔断器。RN1 和 RN2 型都是限流式熔断器。其外形与结构如图 2-19 所示。

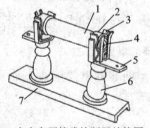

(a) 户内高压管式熔断器结构图　　　(b) RN1 和 RN2 型户内高压管式熔断器

1—瓷熔管；2—金属管帽；3—弹性触座；4—熔断指示器；5—接线端子；6—支柱瓷瓶；7—底座

图 2-19　RN1 和 RN2 型户内高压管式熔断器外形与结构图

限流式熔断器是指在短路冲击（最大）电流到来之前能完全熄灭电弧，断开电路的熔断器。

RN1 系列高压熔断器用于高压线路的短路保护，其熔体电流大（100 A），结构尺寸也较大。RN2 系列高压熔断器用于高压互感器一次侧的短路保护，其熔体电流小（0.5 A），结构尺寸较小。

限流式熔断器特点：切断电路速度快，易产生过电压（感性电网），由于切断速度快，不会对高压线路及设备造成危害。

（3）RW10（G）型户外高压跌开式熔断器。跌开式熔断器，又称跌落式熔断器，广泛用于室外高压线路、露天变压器等的短路保护。跌开式熔断器是非限流式熔断器。RW4—10（G）型跌开式熔断器如图 2-20 所示。

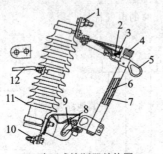

(a) 跌开式熔断器结构图　　　　　(b) RW4—10(G)型跌开式熔断器

1—上接线端子；2—上静触头；3—上动触头；4—管帽(带薄膜)；5—操作环；
6—熔管(外层为酚醛纸管或环氧玻璃布管，内套纤维质消弧管)；7—铜熔丝；
8—下动触头；9—下静触头；10—下接线端子；11—绝缘瓷瓶；12—固定安装板

图 2-20　RW4—10（G）型跌开式熔断器

非限流式熔断器是指在短路冲击（最大）电流到来之前，不能完全熄灭电弧，切断电路的熔断器。

非限流式熔断器特点：切断电路速度慢，几乎不产生过电压。

高压熔断器型号的含义如图 2-21 所示。

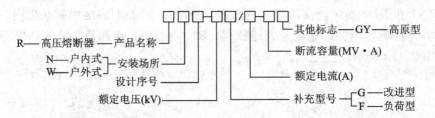

图 2-21　高压熔断器的型号

RW4—10（F）型跌开式熔断器是在一般跌开式熔断器的上静触头上面加装一个简单的灭弧室，能够带负荷操作，故称为负荷型跌开式熔断器。

6）避雷器

氧化锌避雷器是利用氧化锌良好的非线性伏安特性，使在正常工作电压时流过避雷器的电流极小（微安或毫安级）；当过电压作用时，电阻急剧下降，泄放过电压的能量，达到保护的效果。这种避雷器利用氧化锌的非线性特性，起到了自动泄流和开断的作用。氧化锌避雷器外形如图 2-22 所示。

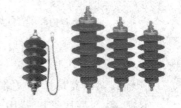

图 2-22　氧化锌避雷器外形

（1）氧化锌避雷器的工作原理。氧化锌避雷器主要由氧化锌压敏电阻构成，每一块压敏电阻在制成时，就有一定的开关电压，叫压敏电压。在正常的工作电压下，压敏电阻值很大,相当于绝缘状态;在冲击电压作用下,实际冲击电压大于压敏电压,压敏电阻呈低阻值被击穿,相当于短路状态。当高于压敏电压的电压撤销后,它又恢复了高阻状态。由于压敏电阻被击后,是可以恢复绝缘状态的,因此,在电力线上安装氧化锌避雷器后,当雷击时,雷电波的高电压使压敏电阻击穿,雷电流通过压敏电阻流入大地,从而保护了电气设备的安全;当雷电波消失后,压敏电阻又恢复绝缘状态,实现避雷器雷击过电压保护。实际中其他原因可能引起的过电压也可以用避雷器进行过电压保护。

(2)分类。

① 氧化锌避雷器按额定电压值来分类,可分为三类:

高压类:可划分为 1000 kV、750 kV、500 kV、330 kV、220 kV、110 kV、66 kV 七个电压等级。

中压类:可划分为 3 kV、6 kV、10 kV、35 kV 四个电压等级。

低压类:可划分为 1 kV、0.5 kV、0.38 kV、0.22 kV 四个电压等级。

② 按标称放电电流分为:20 kA、10 kA、5 kA、2.5 kA、1.5 kA 五类。

③ 按结构可划分为两大类:瓷外套、复合外套。

复合外套避雷器比瓷外套避雷器具有更多的优点,主要包括绝缘性能好、耐污秽性能高、防爆性能良好、体积小、重量轻、平时不需维护、不易破损、密封可靠、耐老化等。

(3)电气符号,如图 2-23 所示。

图 2-23 避雷器的电气符号

7)电力变压器

电力变压器是电力输配电系统中最关键的设备,其作用是将电能的某一电压值转变为所要求的另一电压值,以利于电能的合理输送、分配和用户使用。电力变压器分为三相油浸式、箱式、环氧树脂浇注的干式变压器等。由于油浸式电力变压器可以正常过负荷,干式变压器不可以过负荷,因此,大、中型工厂普遍采用的是三相油浸式变压器。变压器类型如图 2-24 所示。

(a)三相油浸式电力变压器     (b)箱式变压器     (c)干式变压器

图 2-24 变压器类型

变压器型号的含义如图 2-25 所示。

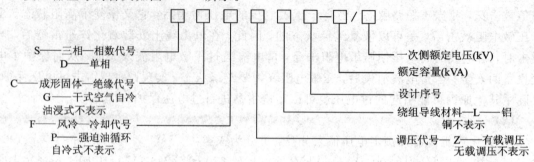

图 2-25 变压器的型号

8）互感器

互感器分为电流互感器和电压互感器。电流互感器（Current Transformer，CT，文字符号为 TA）又称仪用变流器。电压互感器（Voltage Transformer 或 Potential Transformer，PT，文字符号为 TV），又称仪用变压器。它们合称为仪用互感器或简称互感器（Transformer）。从基本结构和工作原理来说，互感器就是一种特殊变压器。

（1）电流互感器。电流互感器是由闭合的铁芯和绕组组成的，如图 2-26 所示为电流互感器组成及原理图。它的一次绕组匝数很少，导线粗；二次绕组匝数比较多，导线细。电流互感器接线特点：将一次绕组两个接线端 $P_1$、$P_2$ 串接在被测的高压一次主电路中，将二次绕组接线端 $S_1$、$S_2$ 与电流表、继电器的电流线圈串联，形成一个闭合回路。由于电流表表头、电流线圈的阻抗很小，因此电流互感器工作时其二次回路接近于短路状态。二次绕组的额定电流一般为 5 A。

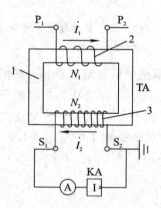

1—铁芯；2——一次绕组；3—二次绕组

图 2-26 电流互感器的组成及原理图

电流互感器的一次侧电流 $I_1$ 与二次侧电流 $I_2$ 的关系是：

$$\frac{I_1}{I_2} = \frac{N_2}{N_1} \approx K_i$$

式中 $N_1$、$N_2$ 为电流互感器一、二次绕组匝数；$K_i$ 为电流互感器的电流比。

电流比 $K_i = I_{1N}/I_{2N}$，即表示一次侧额定电流 $I_{1N}$ 与二次侧额定电流 $I_{2N}$ 之比。一般我国统一设计规定 $I_{2N}$ 为 5 A。电流比 $K_i$ 是选择电流互感器的重要参数。例如电流互感器的电流比 $K_i$ 可以选择为 100/5，50/5，300/5……。

互感器型号的含义如图2-27所示。

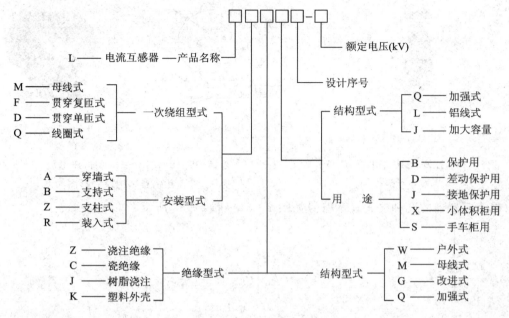

图2-27  互感器的型号

如图2-28所示为户内LQJ—10型高压电流互感器的结构与外形图,它有两个铁芯和两个二次绕组,分别为0.5级和3级。0.5级二次绕组用于接电流表,3级二次绕组用于接电流继电器线圈。

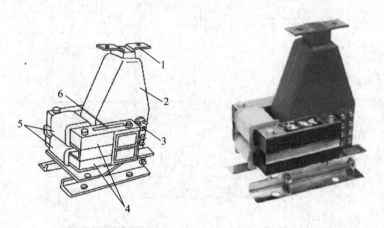

1—一次接线端子;2—一次绕组(树脂浇注);3—二次接线端子;
4—铁芯;5—二次绕组;6—警示牌(上写"二次侧不得开路"等字样)
图2-28  LQJ—10型电流互感器结构与外形图

如图2-29所示为LB6—110型电流互感器,它是电容油纸绝缘,户外用,全封闭,并带有4个或6个二次绕组。如图2-30所示是户内LMZJ1—0.5型低压电流互感器的结构及外形图,它不含一次绕组,穿过其铁芯的母线就是其一次绕组,相当于1匝线圈,它用于500 V及以下配电装置中。

 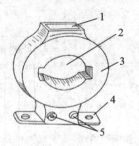 

1—铭牌；2——次母线穿孔；3—铁芯；
4—安装板；5—二次接线端子

图 2-29 LB6—110 型电流互
感器外形图

图 2-30 LMZJ1—0.5 型低压电流
互感器结构及外形图

电流互感器的几种电气表示符号如图 2-31～图 2-33 所示。

图 2-31 高压电流互感器的
电气符号

图 2-32 低压互感器的
电气符号

图 2-33 高、低压电流互感
器的电气符号

电流互感器在三相电路中的几种接线方式如图 2-34 所示电路。

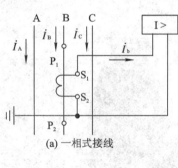 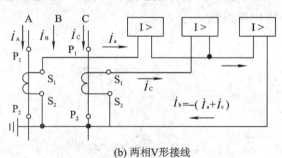

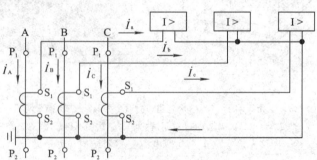

图 2-34 电流互感器几种接线方式

一相式接线如图 2-34(a)所示。电流线圈通过的电流，反映一次电路相应相的电流，通常用于负荷平衡的三相电路如低压动力线路中，供测量电流与电能计量用。

两相 V 形接线如图 2-34(b)所示，在继电保护线路中称为两相两继电器接线。中性点不接地的三相三线制电路，常用于测量三相电流、电能计量、过电流继电保护的线路中。两相 V 形接线的公共线上的电流 $I_b = -(I_a + I_c)$，反映的是未接电流互感器那一相的相电流。

三相星形接线如图 2-34(c)所示。这种接线中，流过三个过流继电器线圈的电流，正好反映各相的电流，常用在负荷不平衡的三相四线制、三相三线制系统中，测量三相电流、电能计量及过电流继电保护的线路中。

★电流互感器使用注意事项：

① 工作时其二次侧不允许开路。其二次回路串联的是电流继电器线圈或电流表，其阻抗很小，接近于短路状态。根据磁动势平衡方程式 $I_1 N_1 - I_2 N_2 = I_0 N_1$，一次电流 $I_1$ 产生的磁动势 $I_1 N_1$，将被二次电流 $I_2$ 产生的磁动势 $I_2 N_2$ 抵消，故总的磁动势 $I_0 N_1$ 很小，因此，空载电流 $I_0$ 也很小，只有一次电流 $I_1$ 的百分之几。但当二次侧开路时，则 $I_2 = 0$，$I_0 = I_1$，而 $I_1$ 是一次电路的电流，其值很大，这样使得 $I_0$ 比正常工作时电流增大几十倍，造成铁芯由于磁通量剧增而会过热，产生剩磁，降低铁芯准确度级。又由于其二次绕组匝数比一次绕组匝数多，故在二次侧开路时，会感应出危险的高电压，危及人身和设备的安全。

在安装电流互感器时，二次侧接线连接一定要牢固，不允许接入熔断器和开关设备。如果需要更换表计及继电器等，应先将电流回路短接或就地造成并联支路，确保作业过程中无瞬间开路情况。

② 二次侧有一端必须接地。

③ 电流互感器在连接时，要注意其端子的极性。

GB1208—1997《电流互感器》规定，一次绕组端子标有 $P_1$、$P_2$，二次绕组端子标有 $S_1$、$S_2$，$P_1$ 与 $S_1$、$P_2$ 与 $S_2$ 分别为对应的同名端。由图 2-26 可知，如果一次电流 $I_1$ 从 $P_1$ 流向 $P_2$，则二次电流 $I_2$ 从 $S_2$ 流向 $S_1$。若图 2-34(b)中，C 相电流互感器的 $S_1$、$S_2$ 接反，则公共线中的电流就不是相电流，而是相电流的 $\sqrt{3}$ 倍，致使接在 C 相的电流表烧坏。

（2）电压互感器。电压互感器是一个带铁芯的变压器。电压互感器组成及原理如图 2-35 所示，它主要由一、二次线圈，铁芯及绝缘套管组成。其特点是：一次绕组匝数很多，二次绕组匝数少，相当于降压变压器。接线特点是：一次绕组并联在一次电路中，而二次绕组并联电压表、电压继电器的电压线圈。由于电压线圈的阻抗一般都很大，故其二次绕组接近于空载状态。我国统一设计要求，二次绕组的额定电压一般为 100 V。JDZJ-10 型电压互感器结构与外形图如图 2-36 所示。

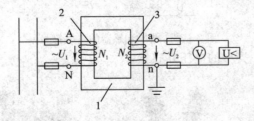

1—铁芯；2——次绕组；3—二次绕组

图 2-35 电压互感器的组成及原理图

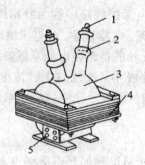

1——一次接线端子；2——高压绝缘套管；

3——一、二次绕组树脂浇注绝缘；4——铁芯；5——二次接线端子

图 2-36 JDZJ—10 型电压互感器结构与外形图

电压互感器一次电压 $U_1$ 与二次电压 $U_2$ 的关系为：

$$\frac{U_1}{U_2} = \frac{N_1}{N_2} \approx K_u$$

式中 $N_1$、$N_2$ 为电压互感器一、二次绕组匝数；$K_u$ 为电压互感器的电压比。

电压比 $K_u = U_{1N}/U_{2N}$，表示一次侧额定电压 $U_{1N}$ 与二次侧额定电压 $U_{2N}$ 之比。一般我国统一设计规定 $U_{2N}$ 为 100 V。电压比 $K_u$ 是选择电压互感器的重要参数。例如电压互感器的电压比 $K_u$ 可以选择为 10000/100，35000/100，110000/100……。

电压互感器的型号含义如图 2-37 所示。

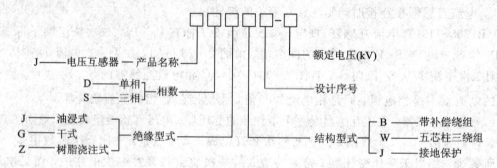

图 2-37 电压互感器的型号

电压互感器的电气符号如图 2-38 所示。

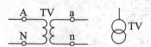

图 2-38 电压互感器的电气符号

图 2-39 所示为各种类型的电压互感器。

(a)　　　　　　(b)　　　　　　(c)　　　　　(d)

(e)  (f)  (g)

图 2-39　各种类型的电压互感器

(a) JDJ—10 型户内油浸式单相电压互感器；(b) JDZW—10 型户外环氧树脂浇注封闭式电压互感器；
(c) JDZ9—35 型干式电压互感器；(d) TYD110 型电容式电压互感器；(e) JDJ2—35 型电压互感器；
(f) JDQXF—35、110、220 电压互感器；(g) 户外变电站中的电压互感器

电压互感器几种常见的接线方式如图 2-40 所示电路。

一个单相电压互感器接线方式如图 2-40(a) 所示，供电压表、电压继电器接于线电压。

两个单相电压互感器接成 V/V 形，如图 2-40(b) 所示，供电压表、电能计量表、电压继电器接于三相三线制线路的线电压，常用在工厂变配电所的 10 kV 高压配电系统线路中。

三个单相电压互感器接成 $Y_0/Y_0$ 形，如图 2-40(c) 所示，可用于测量线路的线电压；可将电压继电器接于线电压上，用于失压保护；可用于监测单相接地故障时的相电压，当小接地电流电力系统的一次电路发生单相接地故障时，故障相对地电压为零，另两相的相电压要升高到线电压，因此，通过三块相电压表，就可以监测小接地电流电力系统单相接地故障，但三块相电压表要按线电压选择，否则在发生单相接地故障时，电压表可能被烧毁。

三个单相三绕组电压互感器或一个三相五芯柱三绕组电压互感器接成 $Y_0/Y_0$/开口三角形，如图 2-40(d) 所示。接成 $Y_0$ 的二次绕组，用于接测量线路线电压的电压表；也可将电压继电器接于线电压上，用于失压继电保护；还可接三块相电压表，用于监测单相接地故障的相电压。接成开口三角的辅助二次绕组，接过电压继电器线圈，当高压一次线路正常运行时，由于三个相电压对称，三相相电压的向量和为零，开口三角形两端的电压接近于零，因此，过电压继电器不动作。当发生单相接地故障时，三个相电压不对称，在开口三角形两端将出现接近 100 V 的电压，使过电压继电器动作，控制接通报警电路，发出报警信号。

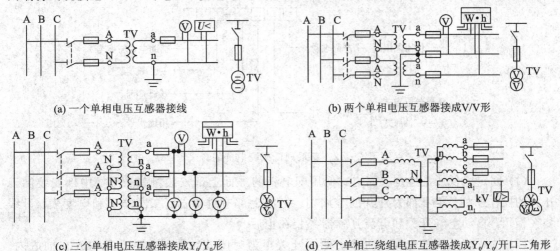

(a) 一个单相电压互感器接线　　　　　　　(b) 两个单相电压互感器接成V/V形

(c) 三个单相电压互感器接成$Y_0/Y_0$形　　　(d) 三个单相三绕组电压互感器接成$Y_0/Y_0$/开口三角形

图 2-40　电压互感器的几种常见接线方式

★电压互感器使用注意事项：

① 电压互感器工作时其二次侧不得短路。电压互感器的一、二次侧都必须装设熔断器进行短路保护。

② 电压互感器的二次侧有一端必须接地，以防止一、二次绕组间的绝缘击穿时，一次侧的高电压窜入二次侧，危及人身和设备安全。

③ 电压互感器在连接时也应注意其端子的极性。按照 GB1207—1997《电压互感器》规定，单相电压互感器的一、二次绕组端子标以 A、N 和 a、n，端子 A 与 a、N 与 n 各为对应的"同名端"或"同极性端"；而三相电压互感器，一次绕组端子分别标 A、B、C、N，二次绕组端子分别标 a、b、c、n，A 与 a、B 与 b、C 与 c 及 N 与 n 分别为"同名端"或"同极性端"，其中 N 与 n 分别为一、二次三相绕组的中性点。电压互感器连接时端子极性不能接错。

9）低压配电屏

低压配电屏是按一定的线路方案，将有关一、二次设备组装成的一种低压成套配电装置，在低压配电系统中作动力和照明配电用。低压配电屏的结构型式有固定式和抽屉式两大类型。低压配电屏内可装有刀闸开关、自动空气开关、接触器、熔断器、电流互感器、母线以及测量信号装置等设备，由制造厂组成多种一次线路方案并进行编号，供用户选用。

旧系列低压配电屏的含义如图 2-41 所示。

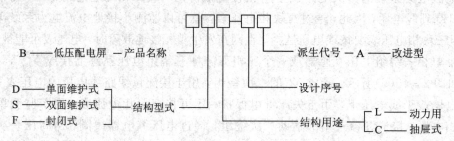

图 2-41　旧系列低压配电屏的含义

新系列低压配电屏的含义如图 2-42 所示。

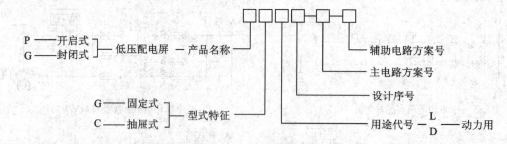

图 2-42　新系列低压配电屏的含义

（1）固定式低压配电屏。固定式低压配电柜的屏面上部安装测量仪表，中部安装闸刀开关的操作手柄，柜下部为外开的金属门。柜内上部有继电器、二次端子和电度表。母线装在柜顶，自动空气开关和电流互感器都装在柜后。

（2）抽屉式低压配电屏。抽屉式低压开关柜为封闭式结构，主要设备均放在抽屉内。当回路故障时，可换上备用抽屉，迅速恢复供电，极大地提高了供电的可靠性，检修方便。

这两种类型的低压配电屏分别如图 2-43、2-44 所示。

图 2-43　PGL 型交流低压配电屏　　　　　图 2-44　抽屉式低压配电屏

10）母线、绝缘子

（1）母线。在电力系统中，母线将配电装置中的各个载流分支回路连接在一起，起着汇集、分配和传送电能的作用。母线按外形和结构可以分为以下三类，如图 2-45 所示。

(a) 矩形母线

(b) 管形母线

(c) 软母线

图 2-45　母线的几种类型

硬母线：包括矩形母线、槽形母线和管形母线等。

软母线：包括铝绞线、铜绞线、钢芯铝绞线和扩径空心导线等。

封闭母线：包括电缆母线、共箱（含共箱隔相）封闭母线和离相封闭母线等。

母线上面涂不同颜色的漆，用于区别三相交流电相序和防腐蚀。颜色和相序的对应关系是：

| A | B | C | 零母线 | PE 线 |
|---|---|---|---|---|
| 黄色 | 绿色 | 红色 | 黑色 | 黄绿相间 |

（2）绝缘子。绝缘子俗称瓷瓶，它是用来支持导线的绝缘体。绝缘子可以保证导线和横担、杆塔有足够的绝缘性能。绝缘子在运行中应能承受导线垂直方向的荷重和水平方向

的拉力，还要经受日晒、雨淋、气候变化及化学物质的腐蚀。因此，绝缘子既要有良好的电气性能，又要有足够的机械强度。绝缘子的好坏对线路的安全运行是十分重要的。绝缘子按电压高低分为低压绝缘子和高压绝缘子；按照性能分为电站用和线路用绝缘子。变电站用绝缘子又分为支柱绝缘子和套管绝缘子，在户外软母线使用线路悬挂式或针式绝缘子。各类绝缘子如图2-46所示。

(a) 柱式绝缘子、支柱式绝缘子

(b) 针式绝缘子

(c) 棒形悬式耐张型绝缘子、悬式绝缘子

(d) 变压器套管式绝缘子、穿墙绝缘子

图2-46 几种类型的绝缘子

① 支柱式绝缘子：用于支持和固定户内、外配电装置的软、硬母线，隔离开关的动、静触头，并使之与地绝缘，支撑导线与铁构架的绝缘。

② 套管绝缘子：用于母线或引线墙壁、天花板以及由户内、外的引出或引入。

③ 线路悬式(针式)绝缘子：用于固定架空输电线路的导线和户外配电装置的软母线，并使之与地绝缘。

# 训练项目2　变电所高低压设备运行与维护　任务单

| 训练项目2<br>变电所高低压设备运行与维护 | 姓名 | 学号 | 班级 | 组别 | 实训时间 |
|---|---|---|---|---|---|
| | | | | | |
| 学时　4学时　辅导<br>教师 | | | | | |

项目描述：

1. 网上调研与查阅本项目相关资料，查阅出"五防"开关柜相关内容及实物图片。

2. 在供配电系统实训室中，学习高低压开关柜中的高低压设备、母线、互感器、避雷器等内容，并现场识别出上述设备，并说出其作用。

3. 查阅、熟知相关的高压一次设备运行与检修规程。

4. 小组互考，完成识别现场高低压开关柜中所有设备的教学任务。

5. 写出实训总结报告。

教学目标：

1. 具备查阅高压一次设备实物图片、运行与检修规程的能力。

2. 明确"五防"开关柜含义，现场能够认识高低压开关柜中的高低压器件、母线、绝缘子、互感器、避雷器等，并说出各自作用。

3. 能够认识高低压器件符号，熟知高压一次设备运行与检修规程。

4. 具备自学、组织、语言表达能力。

5. 具有专业理论知识与实践运用能力，具有项目的计划、实施与评价能力。

实训设备：

供配电系统实训设备。

# 训练项目2　变电所高低压设备运行与维护　评价单

| 姓名 | | 学号 | | 班级 | | 组别 | | 成绩 | | |
|---|---|---|---|---|---|---|---|---|---|---|

| 训练项目2　变电所高低压设备运行与维护 | | | | 小组自评 | | 教师评价 | |
|---|---|---|---|---|---|---|---|
| 评　分　标　准 | | | 配分 | 扣分 | 得分 | 扣分 | 得分 |
| 一、查阅资料完整与知识的运用(30分) | 1. 查阅资料完整,熟知运行规程 | | 10 | | | | |
| | 2. 按照要求查出高压一次设备所有内容,并说出其作用 | | 20 | | | | |
| | 3. 有一项内容未查或不清楚,扣10分 | | | | | | |
| 二、训练内容(40分) | 1. 开关柜现场高低压设备、母线及颜色、互感器、避雷器、绝缘子认识清晰、正确 | | 30 | | | | |
| | 2. 能说出"五防"开关柜含义 | | 10 | | | | |
| | 3. 现场高低压设备认识有一项错误者,扣5分 | | | | | | |
| 三、协作组织(10分) | 1. 在任务实施过程中,出全勤,团结协作,制定分工计划,分工明确,积极动手完成任务 | | 10 | | | | |
| | 2. 不动手,或迟到早退,或不协作,每有一处,扣5分 | | | | | | |
| 四、汇报与分析报告(10分) | 项目完成后,按时交实训总结报告,内容书写完整、认真 | | 10 | | | | |
| 五、安全文明意识(10分) | 1. 任务结束后清扫工作现场,工具摆放整齐 | | 10 | | | | |
| | 2. 任务结束不清理现场扣5分 | | | | | | |
| | 3. 不遵守操作规程扣5分 | | | | | | |
| 总　　分 | | | | | | | |

# 训练项目2 变电所高低压设备运行与维护 报告单

| 姓名 | | | | | | | 学时 | 辅导教师 |
|---|---|---|---|---|---|---|---|---|
| 分工<br>任务 | | | | | | | | |
| 工具 | | | | | | | | |
| 测试仪表 | | | | | | | | |
| 调试仪器 | | | | | | | | |

一、查阅高压一次设备型号、符号及作用

二、查阅资料,简述一种高压一次设备国家运行与检修规范

# 训练项目 2　变电所高低压设备运行与维护　报告单

三、"五防"开关柜的含义

四、总结

| 项目实施过程问题记录 | | |
|---|---|---|
| | 记录员 | 完成日期 |

# 训练项目 3 电气设备绝缘耐压试验

## 一、项目描述

在 GDYD 智能耐压试验装置上,按照电气绝缘耐压试验步骤,完成给定设备绝缘耐压试验,记录数据,写出实训总结报告。

## 二、教学目标

(1)能够熟练进行给定设备绝缘耐压试验电路的接线,准确、安全操作智能耐压试验装置。

(2)学会电气设备绝缘耐压试验方法,具备今后从事电气试验岗位工作的能力。

## 三、学时安排

2 学时。

## 四、实训设备

GDYD 智能耐压试验装置如图 3-1 所示。

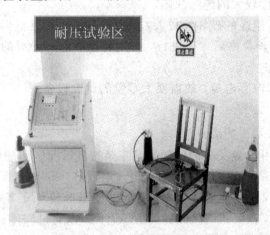

图 3-1 GDYD 智能耐压试验装置

## 五、教学实施

教学采用"现场讲、演示示范、实操训练"一体组织实施,学生分小组完成给定设备的耐压试验的学习与试验操作实践教学过程。

## 六、实训内容

### 1. 对电气设备绝缘进行耐压试验的目的

耐压试验是检验电器、电气设备、电气装置、电气线路和电工安全用具等绝缘强度以及承受过电压能力的主要方法之一。通过耐压试验,可以判断出电气设备能否继续运行及安全运行,避免运行中发生绝缘事故。如电力变压器、电动机、配电装置在投入运行前,必须对其进行工频耐压试验;电工安全用具则根据有关规定,定期进行工频耐压试验;油浸电力电缆投入运行前,也必须进行直流耐压试验;阀型避雷器应进行工频放电电压试验;电气设备的绝缘油位应在标准仪器杯中,用标准电极进行耐压强度试验。

**2. 电气设备绝缘耐压试验的分类**

电气设备绝缘耐压试验分为工频交流耐压试验和直流耐压试验两种。

1) 直流耐压试验的特点

① 基本上不产生介质损失,对绝缘的破坏性小,所以直流耐压试验又称为非破坏性试验。

② 只需要供给很小的泄漏电流,试验设备的容量较小,特别适用于大电容设备,如电缆、电容器等。

③ 由于是在较低的电压下进行测试的,因此能判断出绝缘的内部缺陷,如测量绝缘电阻、泄漏电流和绝缘的介质损耗等。

④ 不能可靠地判断出绝缘的耐压水平,因此,在直流耐压试验做完之后,还需要进行工频交流耐压试验。

2) 工频交流耐压试验特点

① 试验电压高于被试设备实际运行中可能遇到的过电压,试验严格,能发现很多绝缘缺陷,特别是那些危险性较大的绝缘缺陷。

② 工频交流耐压对绝缘的破坏性较大,所以又称为破坏性试验。故工频交流耐压试验必须在全部非破坏性试验合格后才可进行,否则将会引起不必要的绝缘破坏。试验必须严格按照国家标准的规定进行。

③ 由于试验电流为电容电流,故需要大容量的试验设备。

**3. 耐压试验方法**

1) 试验电压及加压时间的选择

工频交流耐压试验中,最关键的问题就是正确选择试验电压的数值。

一般试验电压为被试设备额定电压的一倍多至数倍,不得低于 1000 V。

根据国家标准规定,高压电器、电流互感器、套管和绝缘子等的绝缘结构,以瓷质和液体为主要绝缘的设备,需要进行 1 分钟的耐压时间;以有机固体材料为主要绝缘的设备,则需要进行 5 分钟耐压时间;对于电压互感器,规定为 3 分钟耐压时间;运行中的电缆为 5 分钟,新安装的油浸电力电缆则为 10 分钟;对于电机,规定为 1 分钟的耐压时间。

2) 试验方法

进行试验时,先将电压调到试验电压的 40% 左右,再以每秒增加 3% 试验电压的速度升高到试验电压,并持续到规定时间;然后在 5 秒内,把电压降低到试验电压的 25% 以下,而后降到零,最后切断电源。

3) 耐压试验注意事项

① 耐压试验只有在绝缘电阻摇测合格后才能进行。

② 试验电压及加压时间应严格按照国家标准规定进行选取,不得超出规定值。

③ 试验电流不应超过试验装置的允许电流。

④ 试验场地应设立防护围栏，防止作业人员偶然接近带电的高压装置，试验装置应有完善的接地（或接零）保护措施。

⑤ 有电容的设备、电缆等，试验前后都应进行放电。

⑥ 在每次试验后，应使调压器返回零位。

⑦ 试验中如发生异常情况（如在试验电压下，1分钟内发生试品击穿或闪络等），应立即切断高压电源，并将调压器降至零位，再断开电源，排除异常。

⑧ 进行耐压试验时必须严格遵守耐压试验安全规则。在靠近或接触高压带电设备前，必须在电源断开的情况下，同时挂好接地棒，方可靠近或接触这些设备。

⑨ 进行智能型耐压试验设备时，应根据试品的电容量和所要求的试验电压值，校核试验变压器的容量。

**4. 实训内容**

1）耐压试验接线

控制箱与变压器试验接线如图 3-2 所示。

① 控制台的电源接线：控制台电源线为二根单相交流电源线或三相四线制四根电源线，连接交流电源。

② 控制台的信号接线：一套 2 芯线，从控制台的输出端连接到变压器的输入端；另一套三根线里面包含绿线、黑线、红线，与控制台和变压器之间的端子是一一对应的，分别为电压—电压（绿线）、地—地（黑线）、电源—电源（红线）。

③ 变压器的地线必须可靠接地：将一根带夹子的细黑线一端接到变压器的地端子，另一端接可靠的大地。

④ 变压器的高压线：一端连在变压器的高压端，另一端接在被试品上，要求高压线架空，不能拖地。

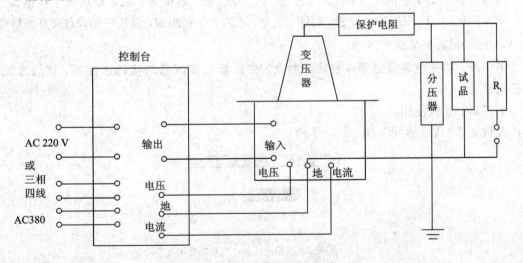

图 3-2 控制台与变压器试验接线图

2）控制台操作面板结构图

控制台操作面板结构图如图 3-3 所示。

分压器接口：是为分压器外接设置用的，输入电压型号是 100 V，是用户选配接口，本装置没有配置这个接口。

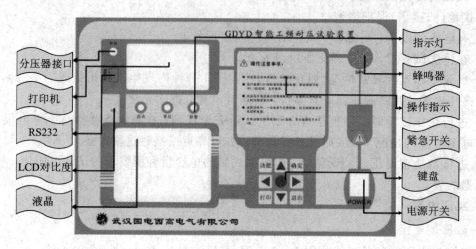

图 3-3 控制台面板结构图

打印机：是热敏打印机，当试验完成后，按键盘上的"打印"按钮打印试验结果。

RS232：是与计算机相连的串口通信接口，是用户选配接口，本装置没有配置这个接口。

LCD 对比度：因为液晶显示屏在温度和光线有所不同时稍有些变化，可以通过 LCD 对比度调节背光到适合亮度。

液晶：320×240 像素点阵白色背光液晶，在强光和阴暗环境下都十分清楚。

指示灯：由启动灯、零位灯、报警灯三个灯组成，启动灯和报警灯是高亮七彩灯。

操作提示：有一些简短的提示语句和安装接线图。

紧急开关：在紧急情况下按此开关，既可以切断变压器电源，也可以切断工作电源。

键盘：由上、下、左、右、设置、打印、确定、取消 8 个键组成，是用户和设备交互的终端。

3）耐压试验装置操作步骤

第一步：打开电源前必须正确将控制台、变压器及被试品的接线连接好，然后才能进行开机试验。

第二步：开机使用。

开机处于"欢迎界面"，如图 3-4 所示。

**自动实验**

手动试验

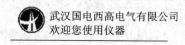

武汉国电西高电气有限公司
欢迎您使用仪器

图 3-4 欢迎界面

键盘界面如图 3-5 所示，按"↑"、"↓"、"←"、"→"，可以切换"自动耐压试验"或"手动耐压试验"，在"自动试验"或"手动试验"里面选择"交流试验方式"或"直流试验方式"，试验方式选择界面如图 3-6 所示。

图 3-5 键盘界面

试验方式选择

交流试验方法
直流试验方式

图 3-6 试验方式选择界面

**注意：**

当配置的是交直流两用控制部分时，若使用直流输出则软件操作须进入直流试验方式，若使用交流输出则软件操作须进入交流试验方式，如果选择错误会导致仪器显示电压和输出实际电压不一致。

当配置的是交直流两用变压器时，若使用直流则将变压器的短路杆取出，若使用交流则将短路杆插入拧紧。

第三步：选中试验方式后，按"确定"，就可以进入主界面，如图 3-7 所示。

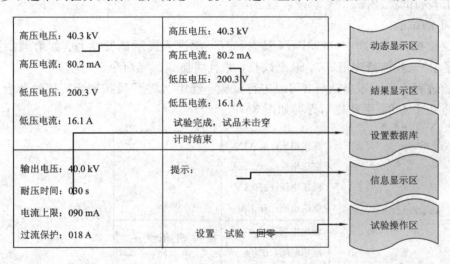

图 3-7 主界面

动态显示区：一直处于采集信号状态，并显示高压电压、高压电流、低压电压、低压电流。

结果显示区：如果绝缘没有被击穿，则显示平均高压电压、平均高压电流、平均低压电压、平均低压电流、绝缘电阻；否则，显示峰值电压、峰值电流、低压电压、低压电流。

设置数据区：设置试验中需要的参数数据。输出电压为在自动方式下的升压目标耐压值；耐压时间为耐压过程的时间长度；电流上限为高压电流峰值的上限，高压电流若超过电流上限，则认为绝缘被击穿；过流保护为低压电流峰值的上限，若低压电流超过过流保护，则认为绝缘被击穿。

信息显示区：显示试验过程中的试验状况和提示信息。

试验操作区：选择设置、试验、回零命令。

第四步：参数设置。

在主界面上，选中"设置"，然后按"确定"后进入参数设置界面，如图 3-8 所示。

按"←"，"→"时，可切换光标移动位置；按"↑"、"↓"时，可更改光标位置数据的值。光标位置和设置的数值全部可以自动循环，且在使用时有默认的标准值。如果所有的参数都设置完成了，按"取消"退出设置，回到主界面开始状态。

| 高压电压：40.3 kV | 高压电压：40.3 kV |
| | 高压电流：80.2 mA |
| 高压电流：80.2 mA | 低压电压：200.3 V |
| | 低压电流：16.1 A |
| 低压电压：200.3 V | 试验完成，试品未 |
| 低压电流：16.1 A | 击穿计时结束 |
| 输出电压：40.0 kV | 提示： |
| 耐压时间：030 s | |
| 电流上限：090 mA | |
| 过流保护：018 A | 设置　　试验　　回零 |

图 3-8　参数设置界面

第五步：试验过程。

① 手动试验。

零位检查——当选中"试验"后，按"确定"，就进入提示试验状态。如果调压器不在零位，将提示"试验前请先回零"，退出试验，并且切换到回零命令。

试验过程——回零确认后，可以进行试验。选中"试验"后按确定，接触器合闸，这时输出电压几乎为 0，手动提示界面如图 3-9 所示。

| 高压电压：40.3 kV | |
| 高压电流：80.2 mA | |
| 低压电压：200.3 V | |
| 低压电流：16.1 A | 计时：004 s |
| 输出电压：40.0 kV | 提示：开始计时… |
| 耐压时间：030 s | 升压↑ 计时 ← |
| 电流上限：090 mA | 降压↓ 取消 → |
| 过流保护：018 A | 设置　　试验　　回零 |

图 3-9　手动提示界面

按"升压↑"，高压电压将不断升压，松开就停止升压，如果到上限就提示满量程。

按"降压↓"，高压电压将不断降压，松开就停止降压，如果到下限就提示已回零。

按"计时←"，计时开始工作，到耐压时间计时结束，完成试验。

按"取消→"，取消试验过程。

在升压过程中，如果高压电流峰值超过"电流上限"值或低压电流峰值超过"过流保护"值，则认为试品被击穿，接触器立刻分闸并显示试验结果，包括峰值电压、峰值电流、低压电流等，调压器开始回零，回零完成，试验结束。如果在耐压过程中，高压电流和低压电流峰值没有超设置上限值，认为被试品未被击穿，结果显示区就显示耐压电压、高压电流、低压电流、绝缘电阻等，调压器开始回零，回零完成后接触器分闸，试验结束。

②自动试验。

自动试验和手动试验的试验过程类似，首先也进行回零检查，确认后，进入自动提示界面，如图3-10所示。

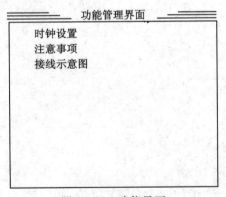

| 高压电压：40.3 kV | |
| 高压电流：80.2 mA | |
| 低压电压：200.3 V | |
| 低压电流：16.1 A | |
| 输出电压：40.0 kV | 提示： |
| 耐压时间：030 s | 开始　取消 |
| 电流上限：090 mA | |
| 过流保护：018 A | 设置　试验　回零 |

图3-10 自动提示界面

按照上述方法切换到"开始"，确定后，进行试验。与手动试验不同之处就是，升压过程将自动升压到"输出电压"值，然后进行计时。

升压过程为逼近方式，首先升到接近目标值，然后再进行微调，保证高压电压值几乎为输出电压值。

4）功能选择

按键盘上的"设置"进入功能界面，如图3-11所示。

功能管理界面

时钟设置
注意事项
接线示意图

图3-11 功能界面

进入功能界面后，可以选择"时钟设置"、"注意事项"等界面。

时钟设置：设置时钟时间，为打印报表提供时间依据。

注意事项：包括操作规范和安全注意事项。

## 七、故障案例

### 1. 故障现象

某工厂车间变电所突然发生接地报警时有时无的现象，将各路负载分别甩开后，仍未消除。

### 2. 分析

因负载甩开后仍有故障，初步判断为输出线路发生故障，逐路分别排除，最后确定其中一路线路有故障。该线路为三相高压电缆，故障时有时无，分析为电缆受伤或老化，有击穿放电处，属软故障。

### 3. 处理方法

停电后对该条线路电缆进行耐压试验，发现有击穿故障，用电缆故障测试仪测试，测出故障点，挖开地面，发现该电缆故障点处，在敷设时受过伤，由于时间较长，老化造成击穿。最后通过制作一个电缆中间接头，之后恢复正常。

# 训练项目3 高低压设备绝缘耐压试验 任务单

| 训练项目3<br>高低压设备绝缘耐压试验 | | | 姓名 | 学号 | 班级 | 组别 | 实训时间 |
|---|---|---|---|---|---|---|---|
| 学时 | 2学时 | 辅导<br>教师 | | | | | |

项目描述：

　　在 GDYD 智能耐压试验装置上，按照电气绝缘耐压试验步骤，完成给定设备绝缘耐压试验，记录数据，写出实训总结报告。

教学目标：

1. 能够熟练进行定设备绝缘耐压试验电路的接线，准确、安全操作智能耐压试验装置。
2. 学会电气设备绝缘耐压试验方法，具备今后从事电气试验工作岗位的能力。
3. 具备自学、组织、语言表达能力。
4. 具有专业理论知识与实践运用能力，具有项目的计划、实施与评价能力。

实训设备：

　　GDYD 智能耐压试验装置

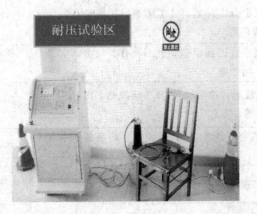

# 训练项目 3　高低压设备绝缘耐压试验　评价单

| 姓名 | | 学号 | | 班级 | | 组别 | | 成绩 | |
|---|---|---|---|---|---|---|---|---|---|

| 训练项目 3　高低压设备绝缘耐压试验 | | | | 小组自评 | | 教师评价 | |
|---|---|---|---|---|---|---|---|
| 评　分　标　准 | | | 配分 | 扣分 | 得分 | 扣分 | 得分 |
| 一、方法与使用(30分) | 1. 试验方法正确 | | 15 | | | | |
| | 2. 智能耐压试验装置会使用,并能调整参数 | | 15 | | | | |
| | 3. 试验规程熟记 | | 10 | | | | |
| | 4. 有一项内容不清楚扣20分 | | | | | | |
| 二、技能操作(40分) | 1. 耐压试验步骤正确,并操作规范 | | 15 | | | | |
| | 2. 能够熟练操作智能耐压试验设备 | | 15 | | | | |
| | 3. 具有安全意识 | | 10 | | | | |
| | 4. 步骤不对或操作错误有一项错误者扣10分 | | | | | | |
| 三、协作组织(10分) | 1. 在任务实施过程中,出全勤,团结协作,制定分工计划,分工明确,积极动手完成任务 | | 10 | | | | |
| | 2. 不动手,或迟到早退,或不协作,每有一处,扣5分 | | | | | | |
| 四、汇报与分析报告(10分) | 项目完成后,按时交实训总结报告,内容书写完整、认真 | | 10 | | | | |
| 五、安全文明意识(10分) | 1. 任务结束后清扫工作现场,工具摆放整齐 | | 10 | | | | |
| | 2. 任务结束不清理现场扣5分 | | | | | | |
| | 3. 不遵守操作规程扣5分 | | | | | | |
| 总　　分 | | | | | | | |

# 训练项目3　高低压设备绝缘耐压试验　报告单

| 姓名 | | | | | | 学时 | 辅导教师 |
|---|---|---|---|---|---|---|---|
| 分工任务 | | | | | | | |
| 工具 | | | | | | | |
| 测试仪表 | | | | | | | |
| 调试仪器 | | | | | | | |

一、耐压试验装置接线图

二、绝缘耐压试验分类

三、查阅资料，简述关于电力设备绝缘试验的相关规定

# 训练项目 3　　高低压设备绝缘耐压试验　报告单

四、简述耐压试验步骤



五、总结

| 项目实施过程<br>问题记录 | | | | | |
|---|---|---|---|---|---|
| | 记录员 | | | 完成日期 | |

# 训练项目4 变电所倒闸操作

## 一、项目描述

(1) 如图4-1所示某变电所供配电系统主接线图,请正确填写高压开关柜停送电操作票。

(2) 按照所填操作票,两人一组,一人监护,另一人实操,在实训室真实高压开关柜上练习变电所停送电操作。

(3) 熟记五防开关柜"五防"的含义,熟知变电所高压设备运行规程。

(4) 根据小组本次任务的完成情况,完成小组自我评价,写出总结报告。

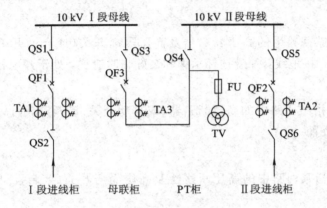

图4-1 供配电系统主接线图

## 二、教学目标

(1) 具备变电所停送电操作与填写倒闸操作票能力。

(2) 熟知变电所运行规程,明确五防开关柜的含义。

(3) 具备自学、组织、协调与语言表达能力。

## 三、学时安排

2学时。

## 四、实训设备

供配电实训系统中的高压开关柜,如图4-2、4-3所示。

图4-2 供配电实训系统

图4-3 高压开关柜

## 五、教学实施

教学采用讲、演、练一体组织实施，现场演示，配合学做实操练习，学生分小组，扮演角色，展开学习与动手实践教学过程。

## 六、实训内容

### 1. 电气设备几种运行状态

1）运行状态

运行状态是指某回路中的高压隔离开关和高压断路器（或低压刀开关、自动开关）均处于合闸位置，电路呈运行状态。

2）检修状态

检修状态是指某回路中的高压断路器及高压隔离开关（或自动开关、刀开关）均已断开，同时悬挂了临时接地线，并悬挂标示牌和装好临时遮栏，处于停电检修的状态。

3）热备用状态

热备用状态是指某回路中的高压断路器（或自动开关）已断开，而高压隔离开关（或刀开关）仍处于合闸位置。

4）冷备用状态

冷备用状态是指某回路中的高压断路器及高压隔离开关（或自动开关、刀开关）均已断开。

### 2. 倒闸操作含义

将设备由上述一种状态转变为另一种状态的过程，称为倒闸。

通过操作高压隔离开关、高压断路器以及挂、拆接地线，将电气设备从一种状态转换为另一种状态，这种操作称为倒闸操作。倒闸操作必须按照国家规定，执行操作票制和工作监护制。

电气倒闸操作票是电气安全的组织措施之一。电气的倒闸操作必须首先填写倒闸操作的顺序，然后按照填写好的操作票进行操作。操作过程必须由两人进行，一人监护，一人操作，操作中坚持复诵制。

### 3. 倒闸操作前准备

① 接受操作任务。操作任务通常由操作指挥人或操作领导人（调度员）下达，是进行倒闸操作准备的依据。接受操作任务后，值班负责人（班长）要确定操作人及监护人。

② 确定操作方案。根据当班设备的实际运行方式，按照规程规定，结合检修工作票的内容及地线位置，综合考虑后，确定操作方案及操作步骤。

③ 填写操作票。操作票的内容及步骤是正确执行操作的关键。填写操作票务必严肃、认真、正确。

### 4. 读识供配电系统主接线图

如图 4-1 所示，供配电系统主接线的特点是：两路电源进线 Ⅰ 段、Ⅱ 段，由两个高压进线柜、一个母联柜和 PT 柜组成。高压进线柜由上、下高压隔离开关，高压断路器，电流互感器组成；母联柜由高压隔离开关、高压断路器，电流互感器组成；PT 柜由高压隔离开关、高压熔断器、电压互感器组成。

**5．填写工作票方法**

（1）由值班负责人指派有权操作的值班员填写操作票；

（2）操作人、监护人依据操作计划、工作任务、系统运行方式和现场实际情况，研究确定的操作方案，由操作人填写操作票；

（3）填入操作票内的停送电项目内容；

（4）操作票应填写设备的双重名称，即设备名称和编号；

（5）每张操作票只能填写一个操作任务。

**6．变配电所停送电操作规程**

1）变配电所停电操作

变配电所停电操作，分闸顺序一般应从负荷侧的开关拉起，依次拉到电源侧开关，以保证每个开关断开的电流最小。除了按照顺序操作外，停电时，一定要先拉负荷侧的高压断路器（或自动空气开关），然后按照上述顺序进行操作。如在含有高压断路器、上下高压隔离开关、低压断路器（自动空气开关）、低压刀开关时，应先分断负荷侧的低压断路器、高压断路器，再分断线路侧的低压刀开关、高压隔离开关，最后分断母线侧的低压刀开关、高压隔离开关。

对于高压"五防"开关柜中装有高压断路器、上下高压隔离开关，其安全停电闭锁操作如下：分断高压断路器→手柄旋至"分断闭锁"位置→分断负荷侧高压隔离开关（下隔离开关）→分断母线高压侧隔离开关（上隔离开关）→合接地刀→将手柄旋至"检修"位置→开前门→开后门，完成高压"五防"开关柜的分闸操作及检修开柜门操作过程。

2）变配电所送电操作

变配电所送电操作，合闸顺序一般应从电源侧的开关合起，依次合闸到负荷侧的开关，以保证开关闭合电流减至最小，较为安全。除了按照顺序操作外，送电时，一定要先合高压隔离开关（或低压刀开关），最后合断路器。如在含有高压断路器、上下高压隔离开关、低压断路器（自动空气开关）、低压刀开关时，应先合电源侧的高压隔离开关、低压刀开关，再合线路侧的高压隔离开关、低压刀开关，最后合高压断路器、低压断路器。

对于高压"五防"开关柜中装有高压断路器、上下高压隔离开关，其安全送电闭锁操作如下：关后门→关前门→将手柄旋至"分断闭锁"位置→分接地刀→合母线侧高压隔离开关（上高压隔离开关）→合线路侧高压隔离开关（下高压隔离开关）→将手柄旋至"工作"位置→合高压断路器，完成了高压"五防"开关柜的送电操作及检修完成关柜门的操作过程。

**7．变配电室倒闸操作制度**

工作票和操作票制度，是指在进行全部停电、部分停电或带电作业时，根据不同任务、不同设备条件，填写工作票和操作票，由操作人和监护人，按操作票进行唱票操作，最后对工作票结果进行验收和注销。

1）变配电室倒闸操作票制度

本标准规定了倒闸操作时，操作票的填写要求，适用于强电专业值班人员。

① 倒闸操作应执行操作票制度、监护制度及复诵的规定。

② 倒闸操作应根据工作需要或上级电站调度命令进行。值班员根据工作票签发人已

签发的工作票，填写操作票，并由专业主管复核。

③ 下列操作项目应填入操作票内：应分合的断路器和隔离开关；断路器小车的拉出、推入；检查断路器和隔离开关的分合位置、带电显示装置指示；验电；装设、拆除临时接地线；检查接地线是否拆除；检查负荷分配；安装和拆除电压互感器回路的操作件，投入或解除自投装置，切换保护回路和检验是否有电压等。

④ 倒闸操作由两人进行，值班员操作，值班长或主管监护。

⑤ 倒闸操作前，应根据操作票的顺序在模拟盘上进行核对性操作。操作时，应先核对设备名称、编号，并检查断路设备或隔离开关的原拉、合位置与操作票所写的是否相符。操作中，监护人应认真监护，值班员每操作完一步，应复诵操作内容，由监护人在操作项目前划"√"，并通知值班员下一步操作内容。

⑥ 操作中发生疑问，必须向主管报告，清楚后再进行操作，不准擅自更改操作票。

⑦ 进行操作时，对开关设备每一项操作均应检查其位置指示装置是否正确，发现位置指示有错误或怀疑，应立即停止操作，查明原因排除故障后，方可继续操作。

⑧ 停电操作应按先分断断路器，后分断隔离开关，先断负荷侧隔离开关，后断电源侧隔离开关的顺序进行。送电操作的顺序与此相反，严禁带负荷拉、合隔离开关。

⑨ 用验电器验电及用绝缘杆装、拆地线时，应戴绝缘手套。带电装卸高压熔丝管和熔丝时，应使用绝缘夹钳或绝缘杆，戴防护眼镜和绝缘手套，并站在绝缘垫上操作。

2）工作票制度

① 在电气设备上工作，应填用工作票或按命令执行，其方式有下列三种：

填用第一种工作票；填用每二种工作票；口头或电话命令。

下列工作应填用第一种工作票：

高压设备上的工作，需要全部停电或部分停电者；高压室内的二次接线和照明等回路上的工作，需要将高压设备停电或做安全措施者。

下列工作应填用第二种工作票：

带电作业和在带电设备外壳上的工作；控制盘和低压配电盘、配电箱、电源干线上的工作；二次接线回路上的工作，无需将高压设备停电者；非当值值班人员用绝缘棒和电压互感器定相或用钳形电流表测量高压回路的电流者。

其他工作用口头或电话命令：

口头或电话命令，必须清楚明确，值班员应将发令人、负责人及工作任务详细记入操作记录簿中，并向发令人复诵核对一遍。

② 工作票要用钢笔或圆珠笔填写两份，应正确清楚，不得任意涂改，如有个别错、漏字需要修改时，应字迹清楚。两份工作票中的一份必须保存在工作地点，由工作负责人收执，另一份由值班员收执，按值移交。值班员应将工作票号码、工作任务、许可工作时间及完工时间记入操作记录簿中。在无人值班的设备上工作时，第二份工作票由工作许可人收执。

③ 一个工作负责人只能发给一张工作票，工作票上所列的工作地点，以一个电气连接部分为限。开工前工作票内的全部安全措施应一次做完。

④ 在几个电气连接部分上依次进行不停电的同一类型的工作，可以发给一张第二种工作票。若一个电气连接部分或一个配电装置全部停电，则所有不同地点的工作，可以发给一张工作票，但要详细填明主要工作内容。若至预定时间，一部分工作尚未完成，仍须

继续工作而不妨碍送电者，在送电前，应按照送电后现场设备带电情况，办理新的工作票，布置好安全措施后，方可继续工作。

⑤ 事故抢修工作可不用工作票，但应记入操作记录簿内，在开始工作前必须做好安全措施，并应指定专人负责监护。

⑥ 第一种工作票应在工作前一日交给值班员。临时工作可在工作开始之前直接交给值班员。第二种工作票应在进行工作的当天预先交给值班员。

第一、二种工作票的有效时间，以批准的检修期为限。第一种工作票至预定时间，工作尚未完成，应由工作负责人办理延期手续。延期手续应由工作负责人向值班负责人申请办理。工作票有破损不能继续使用时，应补填新的工作票。

⑦ 需要变更工作班中的成员时，须经工作负责人同意。需要变更工作负责人时，应由工作票签发人将变动情况记录在工作票上。若扩大工作任务，必须由工作负责人通过工作许可人，并在工作票上增填工作项目。若须变更或增设安全措施者，必须填用新的工作票，并重新履行工作许可手续。

⑧ 工作票签发人不得兼任该项工作的工作负责人。工作负责人可以填写工作票。工作许可人不得签发工作票。

⑨ 工作票中所列人员的安全责任：

工作票签发人：

工作必要性；工作是否安全；工作票上所填安全措施是否正确完备；所派工作负责人和工作班人员是否适当和足够，精神状态是否良好。

工作负责人（监护人）：

正确安全地组织工作；结合实际进行安全思想教育；督促、监护工作人员遵守本规程；负责检查工作票所填安全措施是否正确完备和值班员所做的安全措施是否符合现场实际条件；工作前对工作人员交待安全事项；工作班人员变动是否合适。

工作许可人：

负责审查工作票所列安全措施是否正确完备，是否符合现场条件；工作现场布置的安全措施是否完善；负责检验停电设备有无突然来电的危险；对工作票中所列内容即使发现很小的疑问，也必须向工作票签发人询问清楚，必要时应要求作详细补充。

工作班成员：认真执行规程和现场安全措施，互相关心施工安全，并监督规程和现场安全措施的实施。

### 8. 安全操作规程

1）变压器维修前的安全操作规程

为确保在无电状态下对变压器进行维修，必须先分断负荷侧的开关，再分断高压侧的开关。用验电器验电，确认无电后，在变压器两侧挂上三相接地线，高低压开关上挂上"有人工作，请勿合闸"警示牌，才能开始工作。

2）配电柜维修前的安全操作规程

断开配电柜的断路器和前面的隔离开关，然后验电，确认无电时挂上三相接地线。当和临近带电体距离小于 6 cm 时，设置绝缘隔板，在停电开关处挂警示牌。

### 9. 实训内容

按照上述所学习的变配电室倒闸操作及安全操作相关规程，在供配电实训系统中的

"五防"高压开关柜上，角色扮演进行停送电实操练习。

## 七、故障案例

### 1. 案例一

故障现象：某工厂车间变电所一台真空断路器合闸时，合不上，一合就跳闸，经检查，发现分闸电磁铁点带电，造成合不上闸。

分析：分闸电磁铁点带电，分析判断为分闸回路控制线路有故障，初步定为分闸控制中间继电器常开触点粘连，造成分闸控制回路接通。

处理方法：将分闸控制中间继电器拆开后检查，发现触点烧蚀，并有一组常开触点粘连，形成常通，更换该中间继电器后，恢复正常。

### 2. 案例二

故障现象：某工厂车间变电所一台高压断路器分闸后，线路上仍有电，但电压偏低，不能正常带负荷。

分析：分闸后仍有电，初步判定为高压断路器没有断开，电压偏低，分析为高压断路器断开接触电阻大。

处理方法：将该变电所总电源切断后，检查该故障高压断路器，发现分闸后，断口没有完全断开，进一步检查，发现分闸弹簧上的螺帽脱落，造成不能完全断开，同时发现高压断路器断口已烧蚀，不能继续使用，更换一台新高压断路器后，恢复正常。

### 3. 案例三

故障现象：某工厂车间变电所有一组无功补偿高压电容器，合闸时电流大，造成上一级开关瞬时跳闸，有电流信号流过。

分析：电容器组合闸时电流大，经观察已超过合闸涌流 2 倍以上，初步分析为电容器组中有电容器老化击穿。

处理方法：退出补偿器后，逐一合上每组电容器进行测试，发现有回路电容器（占20%）故障，已接近完全击穿，并发现电容器壳体已变形，介质油渗漏，已不能继续使用，更换新的电容器后恢复正常，可以投入运行。

### 4. 案例四

故障现象：某工厂车间变电所一台高压断路器在合闸时无动作，检查控制回路未发现问题。

分析：因控制回路未发现问题，初步判断为机械故障引起电气拒动（操作机构问题）。

处理方法：检查该断路器操作机构机械部件，发现辅助开关，螺钉松动，螺帽脱落，造成辅助开关动合触头合不到位，控制回路无法接通。将辅助开关的速杆重新用螺钉固定，并调节到合适的位置后，故障消除，恢复正常。

# 训练项目4 变电所倒闸操作 任务单

| 训练项目 4<br>变电所倒闸操作 | | | 姓名 | 学号 | 班级 | 组别 | 实训时间 |
|---|---|---|---|---|---|---|---|
| 学时 | 2 学时 | 辅导<br>教师 | | | | | |

项目描述：

1. 如图 4-1 所示某变电所供配电系统主接线图，请正确填写高压开关柜停送电操作票。

2. 按照所填操作票，两人一组，一人监护，另一人实操，在实训室真实高压开关柜上练习变电所停送电操作。

3. 熟记五防开关柜"五防"的含义，熟知变电所高压设备运行规程。

4. 根据小组本次任务的完成情况，完成小组自我评价，写出总结报告。

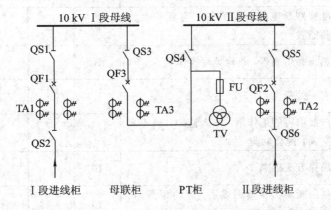

教学目标：

1. 具备变电所停送电操作与填写倒闸操作票能力。

2. 熟知变电所运行规程，明确五防开关柜的含义。

3. 具备自学、组织、协调与语言表达能力。

实训设备：

供配电实训系统中的高压开关柜。

# 训练项目 4　变电所倒闸操作　评价单

| 姓名 | | 学号 | | 班级 | | 组别 | | 成绩 | |
|---|---|---|---|---|---|---|---|---|---|
| 训练项目 4　变电所倒闸操作 | | | | | | | 小组自评 | | 教师评价 |
| 评　分　标　准 | | | | 配分 | 扣分 | 得分 | 扣分 | 得分 | |
| 一、读图方法与知识的运用（40 分） | 1. 读图方法规范、正确 | | | 10 | | | | | |
| | 2. 准确读出给定供配电主接线图元器件及作用 | | | 10 | | | | | |
| | 3. 准确判断电路所装设的所有保护及监测装置 | | | 10 | | | | | |
| | 4. 熟识操作规程，正确填写操作票 | | | 10 | | | | | |
| | 5. 有一处错误扣 10 分 | | | | | | | | |
| 二、技能训练（30 分） | 1. 按照填写的工作票，一人监护，另一人实操，配合默契 | | | 10 | | | | | |
| | 2. 操作方法正确 | | | 10 | | | | | |
| | 3. 高压断路器检修完成后，五防柜开门、关门，方法正确 | | | 10 | | | | | |
| | 4. 有一处操作错误扣 10 分 | | | | | | | | |
| 三、协作组织（10 分） | 1. 在任务实施过程中，出全勤，团结协作，制定分工计划，分工明确，积极动手完成任务 | | | 10 | | | | | |
| | 2. 不动手，或迟到早退，或不协作，每有一处，扣 5 分 | | | | | | | | |
| 四、汇报与分析报告（10 分） | 项目完成后，按时交实训总结报告，内容书写完整、认真 | | | 10 | | | | | |
| 五、安全文明意识（10 分） | 1. 任务结束后清扫工作现场，工具摆放整齐 | | | 10 | | | | | |
| | 2. 任务结束不清理现场扣 5 分 | | | | | | | | |
| | 3. 不遵守操作规程扣 5 分 | | | | | | | | |
| 总　　分 | | | | | | | | | |

# 10 kV 变电所高压开关柜停电操作票

单位：_____  编号：_____

| 停电开始时间： 年 月 日 时 分 | | 送电时间： 年 月 日 时 分 |
|---|---|---|
| （  ）监护人操作　　（  ）单人操作　　（  ）检修人员操作 | | |
| 操作任务 | | |
| 顺序 | 操作项目 | 执行 |
| | 停电作业 | |
| | 检查有关表计指示是否允许分闸　不允许带负荷分闸 | |
| | 断开高压断路器 | |
| | 检查高压断路器是否在断开位置　检查确已断开 | |
| | 拉开负荷侧高压隔离开关　检查确已断开 | |
| | 拉开电源侧高压隔离开关　检查确已断开 | |
| | 切断高压断路器的操作能源 | |
| | 相关的继电保护和自动装置是否已按规定退出 | |
| | 拉开高压断路器控制回路保险器 | |
| | 打开后柜门验电　检查确已无电 | |
| | 合上接地刀闸 | |
| | 高压断路器操作把手上悬挂"禁止合闸，有人工作" | |
| | 按照检修要求布置安全措施 | |

备注：

操作人：　　　　　　监护人：　　　　　　值班负责人：

# 10 kV 变电所高压开关柜送电操作票

单位：＿＿＿＿＿＿＿＿＿＿ 编号：＿＿＿＿＿

| 停电开始时间： 年 月 日 时 分 | 送电时间： 年 月 日 时 分 |
|---|---|

| ( )监护人操作 ( )单人操作 ( )检修人员操作 |
|---|

| 操作任务 |
|---|

| 顺序 | 操作项目 | 执行 |
|---|---|---|
| | 送电作业 | |
| | 摘下"禁止合闸，有人工作"标识牌→断开接地刀闸 | |
| | 检查设备上装设的各种临时安全设施和接地线是否已完全拆除 | |
| | 检查相关的继电保护和自动装置是否已按规定投入 | |
| | 检查高压断路器是否在分闸位置 | |
| | 合上操作电源与高压断路器控制直流保险 | |
| | 合上电源侧高压隔离开关 | |
| | 合上负荷侧高压隔离开关 | |
| | 合上高压断路器 | |
| | 检查送电后负荷、电压是否正常 | |

备注：

操作人： 监护人： 值班负责人：

# 训练项目 4 变电所倒闸操作 报告单

| 姓名 | | | | | | 实训学时 | 辅导教师 |
|------|--|--|--|--|--|--------|----------|
| 分工<br>任务 | | | | | | | |
| 工具 | | | | | | | |
| 测试仪表 | | | | | | | |
| 调试仪器 | | | | | | | |

一、说明五防开关柜"五防"的含义

二、简述停、送电操作规程

# 训练项目 4　变电所倒闸操作　报告单

三、正确填写的高压开关柜停、送电操作票

四、总结

| 项目实施过程<br>问题记录 | | |
| --- | --- | --- |
| | | |
| | 记录员 | | 完成日期 | |

# 训练项目 5　PT 柜绝缘监测电路实操、接线与调试

## 一、项目描述

（1）如图 5-1 所示，读懂 PT 柜绝缘监测电路继电保护电气控制原理图。在供配电实训室中系统 4♯屏上，通过模拟负载柜，如图 5-2 供配电实训系统及负载柜所示，给定单相接地故障，观察 PT 柜绝缘监测电路继电保护控制原理。

（2）根据电路图 5-1，用继电保护实训室设备如图 5-3 元件抽屉模块、5-4 供配电实训装置等，完成 PT 柜绝缘监测电路的接线与调试任务。完成项目实施的自我评价与总结报告。

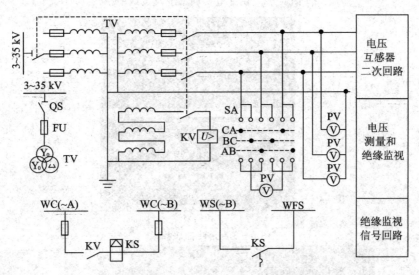

图 5-1　PT 柜绝缘监测电路继电保护电气控制原理图

## 二、教学目标

（1）能够识读 PT 柜绝缘监测电路继电保护电气控制原理图，学会判断接地相。

（2）能够识别 PT 柜绝缘监测电路元器件。

（3）不同的中性点运行方式，当发生单相接地故障时，具有绝缘监测电路动作原理分析能力。

（4）能够看图正确接线，并调试，具备排查故障能力。

（5）具备团结合作、组织与语言表达能力。

## 三、学时安排

2 学时。

## 四、实训设备

供配电实训系统及负载柜，如图 5-2 所示；PT 柜绝缘监测电路各种元件抽屉模块如

图 5-3 所示；供配电实训装置、电源总控柜、直流屏控制装置、继电保护校验仪、模拟断路器等，如图 5-4 所示。

图 5-2　供配电实训系统及负载柜

图 5-3　元件抽屉模块

模拟断路器

继电保护校验仪

电源总控柜　　　直流屏控制装置　　供配电系统实训装置　　固定在柜上的元器件抽屉模块

图 5-4　供配电实训装置等

## 五、教学实施

教学采用理实一体组织实施，"教、实操、做"一体，学生分小组展开动手实践教学过程。

## 六、实训内容

### 1. 电力系统中性点运行方式与运行规程要求

我国电力系统中性点运行方式有中性点不接地系统、中性点经消弧线圈(经阻抗)接地系统、中性点直接接地(经低电阻接地)系统。不同的中性点运行方式,当发生单相接地故障时,变电站(或所)的 PT 柜中绝缘监测继电保护线路要报警或跳闸。中性点不接地系统、经消弧线圈接地系统常用于 10 kV、35 kV 系统,单相接地故障时,只报警,不跳闸,运行规程规定,可暂时运行 2 个小时,由于其接地电流小,故这两种系统称为小接地电流系统。中性点直接接地系统常用于 110 kV 及以上系统和低压配电系统,当单相接地故障时,跳闸,由于其接地电流大,故称为大接地电流系统。

### 2. 单相接地故障分析

单相接地故障分为瞬时故障、永久故障两种。

架空线路输电,由于空气潮湿、雷击都易产生瞬时单相接地故障,使得变电站(或所)的 PT 柜中绝缘监测继电保护电路短时报警,之后故障消失,报警也随之消失,维修电工不用去处理。电缆线输电,由于老鼠啃咬易产生永久单相接地故障,由于不影响三相电路输电,因此,不需要停电处理。由于是永久单相接地故障,使得变电站(或所)的 PT 柜中绝缘监测继电保护电路长时间报警,维修电工要在 2 个小时内查找故障,并排除故障,2 个小时内排除不了故障,运行规程要求停电处理,防止发生两相短路接地故障。

### 3. 工作原理分析

如图 5-1 所示单相接地监测电路,它是由三个单相三绕组电压互感器或三相五绕组电压互感器、电压表、过电压继电器、信号继电器等主要元件组成。无单相接地故障,系统正常运行时,系统三相电压基本对称,三块电压表测量的相电压基本相等,电压互感器的开口三角线圈感应出的三相绕组的相电压对称,三相绕组的相电压向量和为 0,即电压互感器的开口三角线圈没有电压输出(实际上存在不平衡电压)。当系统任意一相发生单相接地故障时,接地相对地电压为零,相电压表指示为 0;而其他两相对地电压升高 $\sqrt{3}$ 倍,即升高为线电压。通过相电压表的指示值,就可以知道哪一相发生单相接地故障,相电压表指示为 0 的这一相,发生了单相接地故障。同时电压互感器的开口三角处会现出大约 100 V 的零序电压,使得电压继电器 KV 动作,其常开点闭合,接通了信号继电器或电笛,从而发出接地报警信号。

### 4. 在供配电实训系统上实操步骤

(1)投入 1♯柜。接通 1♯柜Ⅱ段电源(QF9)交流电源,2♯柜断开,3♯柜、4♯柜送电合闸,4♯柜三只电压表指示电压互感器次级的相电压。将 4KK 打到断位置,将 5♯柜微机保护连接片断开。

(2)模拟线路发生单相接地现象。断开交流电源,用一根实验线做接地实验线,一端插在电压互感器输入端的任意一项(如 B 相),另一端插在带接地线符号的插座上,接通开关 1SA,表示 B 相已经接地。接通交流电源,电压继电器 KV 动作带动信号继电器 1XJ 动作并发出信号。观察三只相电压表 1PV、2PV、3PV 就会发现 B 相电压为 0 伏,而另外二只电压表的电压指示分别提高 $\sqrt{3}$ 倍,说明 B 相发生了接地。

以上实操项目完成后,应将开关 1SA 扳到"断"的位置,否则时间较长有可能将电压互感器烧毁。

（3）同理，将接地实验线分别插在 A 相和 C 相上观察相电压表，则故障相电压为 0；而非故障相的电压升高为线电压。

实操完成后，首先断开交流电源。

**5. 用"继电保护综合实训装置及元件抽屉模块"实训步骤**

用前面图 5-1 原理图中用到的过电压继电器、信号继电器（可用中间继电器代替）、光字牌等器件，借助于继电保护校验仪及供配电实训装置、电源总控柜、直流屏控制装置等多种设备，完成图 5-1 电路的接线与调试任务。

## 七、故障案例

**1. 故障现象**

某工厂车间变电所信号系统突然报警，显示三相电压不平衡，有单相接地信号，经观察其中两相电压升高，一相电压为零。

**2. 分析**

因有单相接地信号，且三相电压不平衡，两相对地电压升高，一相对地电压为零，检测零序电压和零序电流，都已超出正常值，最终确定为单相接地故障。

**3. 处理方法**

停电后，对系统的母线、PT 系统、CT 系统、绝缘子、避雷器，高压隔离开关，高压断路器等分别对地进行耐压试验，发现电压互感器有单相对地击穿，由此确定发生了单相接地故障，更换电压互感器后，系统恢复正常。

# 训练项目 5　PT 柜绝缘监测电路实操、接线与调试　任务单

| 训练项目 5　PT 柜绝缘监测电路实操、接线与调试 | | 姓名 | 学号 | 班级 | 组别 | 实训时间 |
|---|---|---|---|---|---|---|
| 学时 | 2 学时 | 辅导教师 | | | | |

项目描述：

1. 如图 5-1 所示，读懂 PT 柜绝缘监测电路继电保护电气控制原理图。在供配电实训室中系统 4#屏上，通过模拟负载柜，如图 5-2 供配电实训系统及负载柜所示，给定单相接地故障，观察 PT 柜绝缘监测电路继电保护控制原理。

2. 根据电路图 5-1，用继电保护实训室设备如图 5-3 元件抽屉模块、图 5-4 供配电实训装置等完成 PT 柜绝缘监测电路的接线与调试任务。

3. 完成项目实施的自我评价与总结报告。

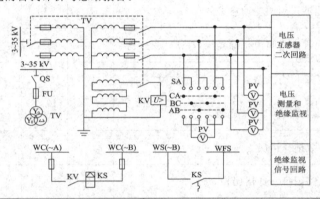

教学目标：

1. 能够识读 PT 柜绝缘监测电路继电保护电气控制原理图，学会判断接地相。

2. 能够识别 PT 柜绝缘监测电路元器件。

3. 不同的中性点运行方式时，当发生单相接地故障时，具有绝缘监测电路动作原理分析能力。

4. 能够看图正确接线，并调试，具备排查故障能力。

5. 具备团结合作、组织与语言表达能力。

实训设备：

供配电实训系统及负载柜，如图 5-2 所示；元件抽屉模块如图 5-3 所示；供配电实训装置等，如图 5-4 所示。

# 训练项目 5　PT 柜绝缘监测电路实操、接线与调试　评价单

| 姓名 | | 学号 | | 班级 | | 组别 | | 成绩 | |
|---|---|---|---|---|---|---|---|---|---|

| 训练项目 5　PT 柜绝缘监测电路实操、接线与调试 | | | 小组自评 | | 教师评价 | |
|---|---|---|---|---|---|---|
| 评 分 标 准 | | 配分 | 扣分 | 得分 | 扣分 | 得分 |
| 一、基本知识与技能(30 分) | 1. 能够识读绝缘监测电路原理图 | 10 | | | | |
| | 2. 正确认识器件,并使用正确 | 10 | | | | |
| | 3. 会用万用表检查电路 | 5 | | | | |
| | 4. 能够正确调整动作参数 | 5 | | | | |
| 二、接线与调试(40 分) | 1. 在规定时间内正确接线,完成所有内容 | 20 | | | | |
| | 2. 正确检查线路,并独立排查故障 | 10 | | | | |
| | 3. 独立调试,方法正确 | 10 | | | | |
| | 参数选择错误,每一处扣 5 分 | | | | | |
| | 电路图每一处错误扣 5 分 | | | | | |
| | 不会检查电路扣 10 分 | | | | | |
| 三、协作组织(10 分) | 1. 在任务实施过程中,出全勤,团结协作,制定分工计划,分工明确,积极动手完成任务 | 10 | | | | |
| | 2. 不动手,或迟到早退,或不协作,每有一处,扣 5 分 | | | | | |
| 四、汇报与分析报告(10 分) | 项目完成后,按时交实训总结报告,内容书写完整、认真 | 10 | | | | |
| 五、安全文明意识(10 分) | 1. 任务结束后清扫工作现场,工具摆放整齐 | 10 | | | | |
| | 2. 任务结束不清理现场扣 5 分 | | | | | |
| | 3. 不遵守操作规程扣 5 分 | | | | | |
| 总　　分 | | | | | | |

# 训练项目5　PT柜绝缘监测电路实操、接线与调试　报告单

| 姓名 | | | | | | 实训学时 | 辅导教师 |
|---|---|---|---|---|---|---|---|
| 分工<br>任务 | | | | | | | |
| 工具 | | | | | | | |
| 测试仪表 | | | | | | | |
| 调试仪器 | | | | | | | |

一、在不同的中性点运行方式，当发生单相接地故障时，说明绝缘监测电路原理

二、实操步骤

# 训练项目 5　　PT 柜绝缘监测电路实操、接线与调试　报告单

三、接线与调试步骤

四、总结

| 项目实施过程问题记录 | | | | |
|---|---|---|---|---|
| | 记录员 | | 完成日期 | |

# 训练项目 6 高压进线柜过流保护电路实操、接线与调试

## 一、项目描述

(1) 根据图 6-1 所示定时限过流继电保护电路图，在供配电系统上，如图 6-3 所示，完成高压进线柜定时限一段过流保护电路的实操训练任务；用继电保护实训设备，如图 6-4、6-5 所示，完成高压进线柜定时限一段过流保护电路的接线、调试与参数整定任务。

(2) 根据图 6-2 所示定时限与速断两段过流保护电路图，在供配电系统上，如图 6-3 所示，完成高压进线柜速断与定时限配合使用的两段过流保护电路实操训练任务；用继电保护实训设备，如图 6-4、6-5 所示，完成高压进线柜速断与定时限配合使用的两段过流保护电路的接线、调试与参数整定任务。

(3) 完成任务的自我评价与总结报告。

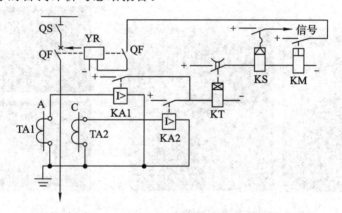

图 6-1 定时限过流继电保护电路

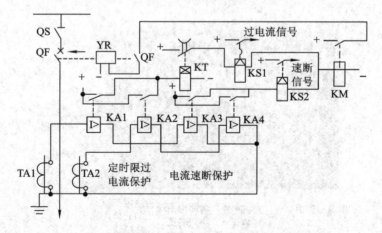

图 6-2 速断与定时限配合的两段过流继电保护电路

## 二、教学目标

(1) 能够识读定时限过流保护原理图、速断与定时限配合使用的过流保护原理图。

（2）能够认识高压开关柜过流保护电路实物器件。

（3）学会高压进、出线柜过流保护电路原理分析。

（4）能够看图接线、调试、调整过流保护动作参数；并能排查故障。

（5）具备团结合作、组织与语言表达能力。

## 三、学时安排

4 学时。

## 四、实训设备

供配电实训系统及负载柜，如图 6-3 所示；PT 柜绝缘监测电路各种元件抽屉模块如图 6-4 所示；供配电实训装置、电源总控柜、直流屏控制装置、继电保护校验仪、模拟断路器等，如图 6-5 所示。

图 6-3　供配电实训系统及负载柜　　　　　　图 6-4　元件抽屉模块

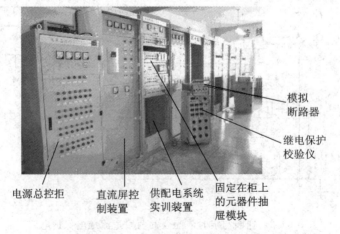

图 6-5　供配电实训装置等

## 五、教学实施

教学采用理实一体组织实施，教、实操、做一体，学生分小组展开动手实践教学过程。

## 六、实操内容

### 1. 过流继电保护电路的作用

当高压进线发生相间短路故障时，高压进线柜过流继电保护电路动作，使高压断路器跳闸，并报警。架空线路的相间短路主要是由雷击造成的弧光短路，空气潮湿、冰雪雨天气造成相间短路。电缆线路的相间短路主要是由老鼠啃咬电缆、施工等原因造成相间短路。

### 2. 工作原理分析

过流继电保护电路接线方式常采用两相两继电器方式，分为定时限、反时限、速断与定时限配合使用等几种过流保护类型，本项目只讨论定时限过流保护、速断与定时限配合使用过流保护两种。

1）定时限过流保护电路

如图6-1所示电路图为两相两继电器接线方式的定时限过流保护电路。定时限是指发生短路时，动作时间固定，故障电流与动作时间无关。定时限过流保护电路的时限整定是由时间继电器来完成的。一次电路是由接在A、C两相的电流互感器TA1、TA2和高压断路器QF组成的；二次过流保护电路是由过流继电器KA1、KA2，时间继电器KT，信号继电器KS，中间继电器KM，高压断路器辅助常开触点及其跳闸线圈等组成的。

原理分析如下：若高压线路发生A、B两相短路，电流互感器TA1过流，其二次侧也过流，则过流继电器KA1动作，其常开点闭合，接通时间继电器KT线圈，其延时常开触点经过一定的延时时间后闭合，接通信号继电器KS和中间继电器KM，信号继电器KS动作，发出过流报警信号，同时中间继电器KM常开点闭合，接通高压断路器的跳闸线圈YR，控制高压断路器QF跳闸。

同理，大家可以分析当A、C两相，B、C两相，A、B、C三相，发生相间短路的工作原理。

**结论**：当一次电路发生三相短路或任意两相短路时，至少有一个继电器动作，使高压断路器跳闸。

2）定时限过电流保护动作电流与时限的整定

① 定时限过电流保护动作电流 $I_{OP}$ 应大于线路末端的最大负荷电流 $I_{Lmax}$（包括正常过负荷电流和尖峰电流）。通过调节电流继电器动作电流可以实现电流的整定。

② 定时限过电流保护动作时限的整定。若在两段线路WL1、WL2上均装有定时限过流保护装置，定时限过电流保护动作时限应按照"阶梯原则"进行整定，即前一级过流保护的动作时间 $t_1$ 应比后一级过流保护的动作时间 $t_2$ 长一个时间差 $\Delta t$，$\Delta t$ 取 0.5 s，高压两段线路装设定时限过流保护电路如图6-6所示。

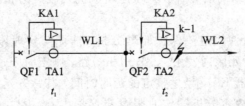

图6-6 高压两段线路装设定时限过流保护电路图

若 $t_2 = 0.2$ s，按照时限整定"阶梯原则"，$t_1 \geqslant t_2 + \Delta t$，则前一级过流保护时限 $t_1 \geqslant (0.5+0.2)$ s。通过调节时间继电器可以实现定时限动作时间的整定。

3）速断与定时限配合使用的过流保护

如图 6-2 所示电路图为两相两继电器接线方式的速断与定时限配合使用的两段过流保护电路。

① 电流速断保护使用条件。由于定时限过流保护是按照"阶梯原则"来整定时限的，存在的问题是：越靠近电源侧，短路电流就越大，而动作时限也越长，若按照这种动作原则设计高压线路系统，则严重危害高压线路及其设备。根据 GB50062—1992 规定，当过流保护动作时间超过了 0.5~0.7 s 时，必须装设瞬时动作的电流速断保护装置。

② 电流速断保护组成。电流速断保护组成如图 6-2 所示。电流速断保护只要将定时限过流保护中的时间继电器去掉，其余组成同定时限过流保护电路。

③ 电流速断保护动作电流的整定。电流速断保护动作电流 $I_{QB}$ 应大于所保护线路末端的三相短路电流 $I_{kmax}$。通过调节所保护电路的速断电流继电器的动作电流，就可以实现速断电流的整定。

④ 电流速断保护原理。由于电流速断保护动作电流 $I_{QB}$ 应大于所保护线路 WL 末端的三相短路电流 $I_{kmax}$，即电流速断保护的动作电流 $I_{QB} > I_{kmax}$，因此在线路 WL 上有一段不保护区域——死区，速断保护不能保护线路全长。电流速断保护区与死区分析如图 6-7 所示。

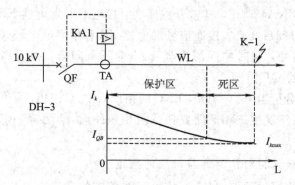

图 6-7　电流速断保护区与死区分析图

电流速断保护特点：

电流速断保护不能保护线路全长，有一段不保护区域——死区。

电流速断保护不能单独使用，必须与定时限过流保护配合使用，在速断保护区内以速断保护作为主保护，当速断保护失灵时，经过一定时间，定时限过流保护起保护作用，即定时限过流保护是作为速断的后备保护。在速断保护死区内的相间短路，以定时限过流保护为基本保护。

⑤ 速断与定时限配合使用过流保护原理分析。速断与定时限配合使用过流保护电路如图 6-2 所示。若在速断死区内发生 A、B 两相短路，则定时限过流保护 KA1 动作，其常开点闭合，接通时间继电器 KT，经过整定的延时时间，其常开延时触点闭合，接通信号继电器和中间继电器，其余内容分析同定时限过流保护电路。若在速断保护区内发生 A、B 两相短路，定时限的 KA1 和速断的 KA3 均动作，只是速断过流保护没有延时时间，直接

接通信号继电器 KS 和中间继电器 KM，使得 KS 动作发出速断报警信号，同时 KM 动作接通 QF 的跳闸线圈 YR，使得高压断路器跳闸，高压断路器跳闸后，定时限的 KA1 自动返回。

**3. 在供配电实训系统上实操步骤**

根据 6-1、6-2 原理图中用到的过电流继电器、信号继电器(可用中间继电器代替)、时间继电器、光字牌等器件，用供配电实训系统，如图 6-3 所示，完成定时限一段过流保护、速断与定时限配合两段过流保护电路实操训练。实操步骤如下：

(1) 准备工作。断开 2XB、3XB，调整"电流继电器 1(1LJ)"动作值 2.5 A，"时间继电器 1(1KT)"延时时间 5 s。连接片 1XB 用来接通定时限过流保护电路；连接片 2XB 用来接通无时限速断过流保护电路；连接片 3XB 用来接通低压闭锁过流保护电路。

(2) 合闸、分闸操作。合 1#屏工作电源，调整好直流电源 DC220V 后，接通 1#屏的 QF5 空气开关，1#屏指针式直流电压表指示 220V 左右。合 2#屏控制电源开关 2QF，QF 空气开关，面板绿色分闸指示灯亮，表示模拟断路器在分闸状态。转动控制开关 1KK 合闸，分闸指示绿灯灭，红色合闸指示灯亮，表示模拟断路器已经合闸，其常开触点闭合。转动控制开关 1KK 分闸，面板绿色分闸指示灯亮，表示模拟断路器处于分闸状态。

(3) 模拟负载柜故障电流的给定。把模拟负载柜插头插入 2#屏面板右下侧插座内。模拟负载柜可以模拟实际中的三相感性负载，通过拨动模拟负载柜的开关，来控制投入白炽灯组与电抗器组的多少(白炽灯与电抗器串联组成感性负载)，从而改变线路的电流。模拟负载柜既可以模拟给出相间短路故障电流，也可以给出正常的三相负载电流。调节模拟负载柜上负载的投入量，就可以模拟线路相间短路电流的大小，电流大小可以通过柜上装设的电流表(PA)显示其示值。

(4) 将模拟负载柜上纽子开关关闭，即负载不投入。

(5) 投入一组负载，注意观察电流表 PA 指示读数。

(6) 过负荷情况。继续投入负载，当动作电流增加到 2.5 A(过负荷)时，过流继电器动作，接通时间继电器 KT，KT 通电延时 5 秒钟后，延时触点 KT 闭合，接通信号继电器 KS 的电流线圈和出口继电器 KM(中间继电器)的线圈，出口继电器 KM 动作，KM 常开触点闭合，使高压断路器 QF 的分闸线圈 YR 得电动作，控制断路器 QF 分闸。同时，信号继电器发出掉牌信号，其常开触头闭合，接通 1#中央信号屏预告信号起动回路，发出报警铃声。

(7) 模拟断路器分闸后，模拟负载试验台失电，整个保护电路回到初始状态。将信号继电器 KS 复位。

(8) 定时限(无时限)过流保护。转动控制开关 1KK，使模拟断路器合闸。模拟负载柜还可以模拟电力线路电流突然增大，即发生相间短路故障，使定时限(或无时限)过流保护装置动作跳闸。控制过程是：由模拟负载柜给定故障电流，过流继电器动作，接通时间继电器 KT，KT 通电延时 5 秒钟后，KT 延时触点闭合，(无时限过流保护没有时间继电器，直接接通信号继电器 KS 的电流线圈和出口继电器 KM)，接通信号继电器 KS 的电流线圈和出口继电器 KM(中间继电器)的线圈，出口继电器 KM 动作，KM 常开触点闭合，使高压断路器 QF 的分闸线圈 YR 得电动作，控制断路器 QF 分闸。同时，信号继电器发出掉牌信号，其常开触头闭合，接通 1#中央信号屏预告信号起动回路，发出报警铃声。

实操训练完毕后，一定断开系统电源，关好屏门，将试验导线放置整齐。

**4. 用"继电保护综合实训装置及元件抽屉模块"实训步骤**

根据 6-1 原理图中用到的过电流继电器、信号继电器（可用中间继电器代替）、时间继电器、光字牌等器件，用继电保护校验仪及供配电系统实训装置、电源总控柜、直流屏控制装置，如图 6-3、6-4 所示，完成图 6-1 电路接线与调试。

根据 6-2 原理图中用到的过电流继电器、信号继电器（可用中间继电器代替）、时间继电器、光字牌等器件，借助于继电保护校验仪及供配电系统实训装置、电源总控柜、直流屏控制装置，如图 6-3、6-4 所示，完成图 6-2 电路接线与调试。

# 七、故障案例

**1. 案例一**

故障现象：某工厂变电站电源进线开关跳闸，信号显示为 A、B 两相短路，速断过流继电器跳闸，并伴有零序过电流和零序过电压。

分析：因有零序过电流和零序过电压，故分析判断发生接地短路故障，现场勘查未发现短路点。

处理方法：因检修人员未观察到短路点，决定采取工频对地耐压试验。耐压后发现母线对地绝缘和 A、B 相间绝缘均已破坏，并找到放电点。经查是母线支撑绝缘子内部绝缘老化破坏造成短路，更换绝缘子后恢复正常。

**2. 案例二**

故障现象：某工厂一车间有一台高压风机，起动时因起动电流过大，合闸 3 秒钟后跳闸，有过负荷信号。

分析：高压风机起动时，起动电流大，约为额定值的 5～8 倍，起动时间 10～15 秒，但现场的风机起动时电流值达额定值的 15 倍左右，初步分析有两种可能，一是电机本身有故障（匝间击穿）；二是负载过大（有阻力）。

处理方法：检查电机，未发现问题，检查风机，手动旋转风机叶轮时，感觉阻力很大，进一步检查，发现风机轴架内的轴承有异响，打开后发现轴承已破裂，更换轴承后阻力消失，通电试车，恢复正常。

**3. 案例三**

故障现象：某工厂一台动力变压器在运行时，突然发生轻瓦斯报警，电压、电流正常，温度也正常。

分析：因为轻瓦斯报警，无其他报警信号，电压、电流正常，温度也正常，分析判断为变压器内部故障的可能性不大。

处理方法：将该变压器退出运行后检查，发现油位计偏低，变压器箱体上端盖有渗油点，处理好渗油，补足油量后，变压器重新投入运行，轻瓦斯报警消失、恢复正常。

# 训练项目 6　高压进线柜过流保护电路实操、接线与调试　任务单

| 训练项目6　高压进线柜过流保护电路实操、接线与调试 | | 姓名 | 学号 | 班级 | 组别 | 实训时间 |
|---|---|---|---|---|---|---|
| 学时 | 4学时 | 辅导教师 | | | | |

项目描述：

1. 根据图 6-1 所示定时限过流继电保护电路图，在供配电系统上，如图 6-3 所示，完成高压进线柜定时限一段过流保护电路的实操训练任务；用继电保护实训设备，如图 6-4、6-5 所示，完成高压进线柜定时限一段过流保护电路的接线、调试与参数整定任务。

2. 根据图 6-2 所示定时限与速断两段过流保护电路图，在供配电系统上，如图 6-3 所示，完成高压进线柜速断与定时限配合使用的两段过流继电保护电路实操训练任务；用继电保护实训设备，如图 6-4、6-5 所示，完成高压进线柜速断与定时限配合使用的两段过流保护电路的接线、调试与参数整定任务。

3. 完成任务的自我评价与总结报告。

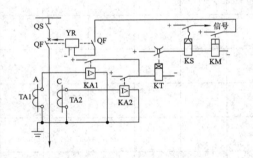
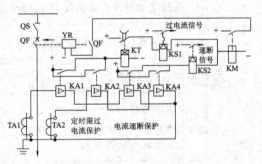

教学目标：

1. 能够识读定时限过流保护原理图、速断与定时限配合使用的过流保护原理图。
2. 能够认识高压开关柜过流保护电路实物器件。
3. 学会高压进、出线柜过流保护电路原理分析。
4. 能够看图接线、调试、调整过流保护动作参数；并能排查故障。
5. 具备团结合作、组织与语言表达能力。

实训设备：

供配电实训系统及负载柜，如图 6-3 所示；元件抽屉模块如图 6-4 所示；供配电实训装置等，如图 6-5 所示。

## 训练项目6 高压进线柜过流保护电路实操、接线与调试 评价单

| 姓名 | | 学号 | | 班级 | | 组别 | | 成绩 | |
|---|---|---|---|---|---|---|---|---|---|

| 训练项目6 高压进线柜过流保护电路实操、接线与调试 | | | 小组自评 | | 教师评价 | |
|---|---|---|---|---|---|---|
| 评 分 标 准 | | 配分 | 扣分 | 得分 | 扣分 | 得分 |
| 一、基本知识与技能（30分） | 1. 能够识读高压进线柜过流保护电路原理图 | 10 | | | | |
| | 2. 正确认识器件，并使用正确 | 10 | | | | |
| | 3. 会用万用表检查电路 | 5 | | | | |
| | 4. 能够正确调整动作参数 | 5 | | | | |
| 二、接线与调试（40分） | 1. 在规定时间内正确接线，完成所有内容 | 20 | | | | |
| | 2. 正确检查线路，并独立排查故障 | 10 | | | | |
| | 3. 独立调试，方法正确 | 10 | | | | |
| | 参数选择错误，每一处扣5分 | | | | | |
| | 电路图每一处错误扣5分 | | | | | |
| | 不会检查电路扣10分 | | | | | |
| 三、协作组织（10分） | 1. 在任务实施过程中，出全勤，团结协作，制定分工计划，分工明确，积极动手完成任务 | 10 | | | | |
| | 2. 不动手，或迟到早退，或不协作，每有一处，扣5分 | | | | | |
| 四、汇报与分析报告（10分） | 项目完成后，按时交实训总结报告，内容书写完整、认真 | 10 | | | | |
| 五、安全文明意识（10分） | 1. 任务结束后清扫工作现场，工具摆放整齐 | 10 | | | | |
| | 2. 任务结束不清理现场扣5分 | | | | | |
| | 3. 不遵守操作规程扣5分 | | | | | |
| 总　　分 | | | | | | |

## 训练项目6 高压进线柜过流保护电路实操、接线与调试 报告单

| 姓名 | | | | | | | 实训学时 | 辅导教师 |
|------|---|---|---|---|---|---|----------|----------|
| 分工<br>任务 | | | | | | | | |
| 工具 | | | | | | | | |
| 测试仪表 | | | | | | | | |
| 调试仪器 | | | | | | | | |

一、两段过流保护电路原理分析

二、实操步骤

## 训练项目6　高压进线柜过流保护电路实操、接线与调试　报告单

三、两段过流保护电路动作电流参数整定值

四、定时限过流保护电路动作电流、时限整定值

五、总结

| 项目实施过程<br>问题记录 | | |
| --- | --- | --- |
| | | |
| 记录员 | | 完成日期 | |

## 训练项目 7 自动重合闸装置实操、接线与调试

### 一、项目描述

（1）根据图 7-1 自动重合闸、图 7-5 重合闸前加速保护、图 7-6 重合闸后加速保护等电路，在供配电系统上完成实操训练任务。

（2）完成任务的自我评价与总结报告。

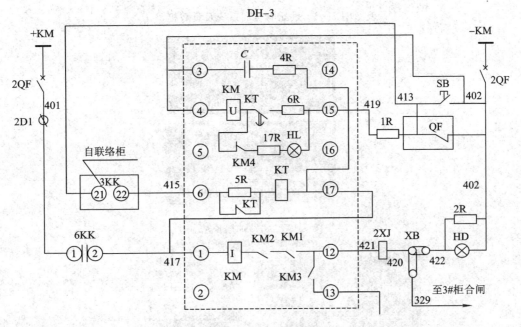

图 7-1 自动重合闸电路

### 二、教学目标

（1）能够识读和分析自动重合闸电路原理图，并能识别重合闸继电器。

（2）能够看图接线、调试与实操，并能排查故障。

（3）具备团结合作、组织与语言表达能力。

### 三、学时安排

4 学时。

### 四、实训设备

供配电实训系统及负载柜如图 7-2 所示；各种元件抽屉模块如图 7-3 所示；供配电实训装置、电源总控柜、直流屏控制装置、继电保护校验仪、模拟断路器等，如图 7-4 所示。

图 7-2　供配电实训系统及负载柜

图 7-3　元件抽屉模块

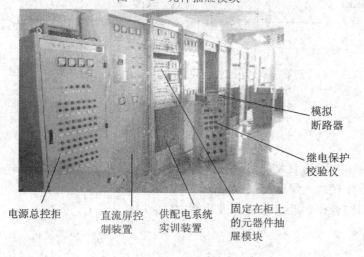

电源总控拒　　直流屏控　供配电系统　固定在柜上
　　　　　　　制装置　　实训装置　的元器件抽
　　　　　　　　　　　　　　　　　屉模块

模拟
断路器

继电保护
校验仪

图 7-4　供配电实训装置等

# 五、教学实施

教学采用理实一体组织实施，教、实操、做一体，学生分小组展开动手实践教学过程。

# 六、实操内容

## 1. 三相一次自动重合闸的作用

运行经验表明，电力输配电系统架空线路发生故障的几率最多，且故障大多属于瞬时性故障，如雷击闪络发生在户外装设的绝缘子上，或闪络发生在架空线路上，造成相间瞬时短路故障；还有由于空气潮湿引起的架空线路相间瞬时短路故障，以上这些故障均可自行消除。当架空线路发生瞬时性故障时，保护线路的高压断路器跳闸，如果线路上装设了自动重合闸装置(ARD)，当瞬时故障消失的瞬间，则自动重合闸装置迅速动作，使高压断路器自动合闸，迅速恢复供电，提高了供电的可靠性。

架空线路、电缆线路也可能发生永久性故障，如户外线路绝缘子被雷电击穿，架空线断线、老鼠啃咬电缆线、施工挖断电缆等造成相间短路故障，也使高压断路器跳闸，自动重合闸装置使高压断路器自动重合，因故障为永久故障，不去现场处理故障永久存在，故高压断路器重合不上。

由于自动重合闸装置(ARD)本身所需设备少，投资不多，并能减少停电损失，提高供电的可靠性，因此广泛应用在供电系统中。供电系统采用的自动重合闸装置(ARD)，一般是三相一次自动重合闸装置，其特点是简单、经济，能提高供电的可靠性。

常用的自动重合闸装置按照工作原理分为电磁式和数字(微机)式；按照动作次数又分为一次重合式和多次重合式，本项目以电磁式一次自动重合闸装置为载体进行实训。

**2. 对自动重合闸装置的要求**

(1) 自动重合闸装置不应该动作情况。由运行值班员手动跳闸或无人值班变电站通过远方遥控装置跳闸时；当按频率自动减负荷装置动作时或负荷控制装置动作跳闸时；当手动合闸送电到故障线路上，而保护动作跳闸时；当备用电源自投(或互投)装置动作跳闸时，或高压断路器处于不正常状态，不允许实现重合闸。以上情况自动重合闸装置不应该动作。

除上述情况外，高压断路器由于继电保护动作或其他原因跳闸后，自动重合闸装置应动作，使高压断路器重新合闸。

(2) 自动重合闸装置应能够和继电保护配合，实现重合闸前加速或后加速功能，其充电时间应在 $15 \sim 25$ s，放电越快越好。

(3) 对一次自动重合闸装置只能重合一次。

**3. 一次自动重合闸装置的工作原理**

如图 7-1 所示为单电源线路三相一次自动重合闸装置的电路原理图。控制小母线电源为直流 220 V。虚线框是 DH—3 型一次重合闸继电器，它由时间继电器 KT、中间继电器 KM、指示灯 HL、电阻、电容充电和放电电路等组成的。4R 是充电电阻，HL 是重合闸继电器内部充电指示灯，用来监控小母线电源是否正常及电容充电是否完成。在输电线路正常运行情况下，高压断路器常闭辅助触点 QF 是断开状态，合上开关柜控制电路自动开关 2QF，并将连接片接在 329 线路上，则重合闸装置中的电容器 C 经电阻 4R 充电，为重合闸工作做准备；同时，控制电路电源指示灯 HL 亮。当高压断路器由于发生相间短路而跳闸时，高压断路器的辅助常闭触点 QF 动作，恢复闭合状态，则时间继电器 KT 线圈得电，则其瞬时动作触点断开，将限流电阻 5R 接入电路；时间继电器 KT 经过延时后，电容器 C 对中间继电器 KM(U)的电压线圈放电，中间继电器 KM(U)得电后，其三个常开触点 KM1、KM2、KM3 闭合，接通了中间继电器 KM(I)的电流线圈，并自保持到高压断路器完成合闸工作。同时，也接通了信号继电器 2XJ 线圈，使信号继电器动作，掉牌，同时控制信号使 1#柜电铃响，报警，通过连接片 XB、329 线去 3#柜，控制高压断路器合闸，同时 1#柜的光字显示灯亮，显示重合闸信号。高压断路器合闸的同时，其常闭触点 QF 断开。

如果线路上发生的是瞬时性故障，则合闸成功。高压断路器合闸后，电容器自行充电，自动重合闸装置(ARD)处于准备动作工作状态。如果线路上发生的是永久性故障，则自动重合闸装置(ARD)重合不上。由于高压断路器跳闸后，电容器充电需要时间，故一次自动重合闸装置(ARD)只能动作一次。

此装置还装设了试验按钮 SB。试验时将连接片接在 422 线路上，通过指示灯 HD 是否亮，来看自动重合闸装置(ARD)是否能正常运行。按下试验按钮 SB，则时间继电器 KT 线圈得电，则其瞬时动作触点断开，将限流电阻 5R 接入电路；时间继电器 KT 经过延时后，电容器 C 对中间继电器 KM(U)的电压线圈放电，中间继电器 KM(U)得电后，其三个常开触点 KM1、KM2、KM3 闭合，接通了中间继电器 KM(I)的电流线圈，并自保持到高压断路器完成合闸工作。同时，也接通了信号继电器 2XJ 线圈，使信号继电器动作，掉牌，同时使试验指示灯亮。

### 4. 在供配电实训系统上实操步骤

自动重合闸装置在供配电实训系统通过 3♯柜、4♯柜、1♯柜、2♯柜来完成控制过程。

1) 一次自动重合闸实操步骤

(1) 按图 7-1 接线，检查无误。将连接片 XB 与 422 线路连接，即连接在试验指示灯 HD 线路上，也是将"重合/信号"连接片 XB 置"信号"位置。

接通 3♯柜断路器控制电源，把"手动/自动"转换开关打到"手动"位置，转动断路器分合闸控制开关 3KK，使母线柜处于合闸状态。接通 4♯柜控制电源 2QF，转动 4♯柜 6KK 到"投入"位置，接通电源约 20 秒后，重合闸继电器 DH—3 内部充电指示灯 HL 亮，表示充电已经完成。按下试验按钮 SB，重合闸继电器 DH—3 动作，信号继电器 1XJ 动作，重合闸指示灯 HD 亮一次，同时 1♯屏电铃报警。

(2) 转动 6KK 到断开位置，使重合闸继电器断电复位，将信号继电器 1XJ 复位，断开指示灯 HD 与连接片 XB 的接线，将连接片 XB 与 329 线路连接，即把"重合/信号"连接片 XB 置"重合"位置。将转换开关 3KK 转动到合闸后位置，即 3KK 的(21)(22)接通，模拟断路器合闸，观察重合闸继电器内充电指示，当指示灯 HL 亮时，表示充电完成。

按动模拟断路器的分闸按钮，使模拟断路器分闸，绿灯亮，其常闭触头 QF 闭合，使重合闸继电器内时间继电器 KT 得电，时间继电器 KT 经过延时(0.5~1 秒)后闭合，中间继电器 KM 电压线圈得电，触点 KM1，KM2，KM3 闭合，使断路器合闸线圈经过 6KK 触点1-2，KM 电流线圈，KM2，KM1 触点和断路器常闭触点 QF 而得电，使断路器重新合闸，同时红色指示灯亮，表示重合闸成功。

(3) 将信号继电器复位，完成实操训练。

2) 重合闸前加速保护

重合闸前加速保护一般用于具有几段串联的辐射形线路中。在靠近电源的线路上装设一套重合闸装置，当线路任一段发生故障时，由靠近电源的线路保护迅速跳闸，而后，重合闸装置动作于合闸，若重合于永久性故障时，再由各线路保护逐段配合跳开故障线路。重合闸前加速保护切除故障速度快，但若重合闸电路拒动时，会扩大停电范围。重合闸前加速保护电路如图 7-5 所示。

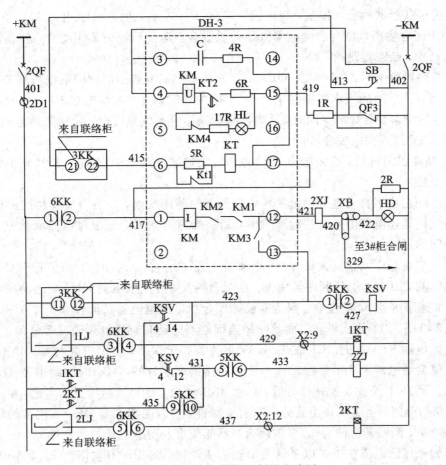

图7-5　重合闸前加速保护电路图

实操训练步骤：

（1）按照图7-5电路图接线。

（2）投入1♯柜运行，接通电源，通过控制开关3KK合上3♯柜断路器。

（3）将转换开关6KK打在"断开"位置，将分合闸开关3KK打在"分闸后"位置，断开电源开关2QF，连接片XB与329线路连在一起，断开与指示灯HD的连接线。将控制开关5KK打到"前加速"位置。

（4）接通直流电源。手动转动开关3KK至"合闸"位置，分合闸开关3KK应停在合闸后位置。

（5）接通转换开关6KK，此时重合闸继电器开始充电，充电大约20～30秒钟，重合闸继电器内部的充电灯HL亮，表示充电已经完成。手动按动模拟断路器上的分闸按钮，让模拟断路器分闸，其分闸指示灯亮。

（6）同时重合闸继电器开始动作，经过大约0.5～1秒的延时，重合闸继电器内部中间继电器吸合，使模拟断路器合闸，同时，使加速继电器KSV得电吸合，信号继电器2XJ动作，其指示灯亮，以上说明重合闸继电器回路、分合闸回路正常。

（7）将信号继电器复位，将3♯柜接负载柜的模拟负载，投入一组白炽灯组，使电流表显示2A左右，此时认为电路正常。

（8）按负载柜试验台上按钮，将电流升高到 3 A 左右，使电流继电器 1LJ 动作，其常开触头 1LJ 闭合使出口（中间）继电器 2ZJ 得电吸合，其常开触头 2ZJ 闭合，使断路器分闸线圈得电动作，断路器跳闸。

（9）断路器跳闸后，常闭触头 QF3 闭合使重合闸继电器内部时间继电器 KT 得电，经过 0.5～1 秒（这段时间根据线路要求进行调整）的延时，重合闸继电器 DH - 3 发出重合闸信号，信号继电器 2XJ 动作，同时 3♯柜模拟断路器合闸线圈得电，使断路器合闸，同时加速断电器 KSV 线圈得电吸合。

（10）断路器闭合后，常闭触点 QF3 断开，加速继电器 KSV 失电，经过其保持时间其触点恢复原位。

以上我们描述了自动重合闸前加速电路因瞬时故障跳闸，并重合闸成功的过程。

下面我们描述电路因永久性故障跳闸，断路器重合闸后，又因过电流而跳闸，且不能二次重合闸的过程。

按第 8 步将电流调整到大于 4 A，电流继电器 1LJ、2LJ 均动作，而位置保持不动，由于电流继电器 1LJ 动作，使断路器跳闸，经过延时，重合闸继电器 DH - 3 起动使断路器合闸，同时加速继电器 KSV 吸合，因为断路器闭合后电流继电器又流过大于 4 A 的电流，使电流继电器 1LJ、2LJ 再次动作，而此时加速继电器的延时断开触头还没有分离，1LJ 的动作使加速继电器 KSV 经过 1LJ 触点、KSV 触点而得电保持，而出口继电器 2ZJ 不能得电，也就是说电流继电器 1LJ 的再次动作不能使断路器再次分闸，只有时间继电器 1KT 得电，开始延时。而 2KT 经过 5 秒钟延时后，触点 2KT 闭合，出口继电器 2ZJ 得电，触点 2ZJ 闭合，使断路器分闸。由于从合闸到分闸只有 5 秒钟，重合闸继电器 DH - 3 内部的电容 C 还没有充满电量，断路器分闸后 QF3 的闭合，不能使重合闸继电器再次动作。

同理如果短路电流在 4 A 以下就会出现 1LJ 动作，而 2LJ 不动作，1LJ 动作使 1KT 动作，经过 10 秒钟延时，使 2ZJ 动作，使断路器 QF3 分闸，同样因为时间太短，重合闸继电器不会再次动作，断路器不会再次合闸。

以上实现了重合闸前加速电路的基本功能：当线路上发生故障时，靠近电源侧的保护首先无选择性的瞬时跳闸，而后，再借助自动重合闸来纠正这种非选择性动作。

3）重合闸后加速保护

重合闸后加速保护是当线路发生故障时，首先按照保护的动作时限，有选择性地动作跳闸，而后重合闸装置动作使断路器重合，同时短接被加速保护时间继电器的触点。当重合于永久性故障时，使保护瞬间跳闸。这种重合闸与继电保护的配合方式叫重合闸后加速保护，每条线路上均装有选择性的保护和重合闸装置。第一次故障时，保护按照有选择性的方式动作跳闸，若是永久性故障，重合后则加速保护动作切除故障。重合闸后加速保护电路如图 7 - 6 所示。

实操训练步骤：

（1）按图 7 - 6 接线，检查线路无误后，将电源接通。将连接片 XB 与 329 线路相连，即将"重合/信号"连接片 XB 置"重合"位置。将控制开关 3KK 打在"分闸后"位置，将模拟断路器分闸；将控制开关 6KK 打在"断开"位置；将控制开关 5KK 打到"后加速"位置。

（2）用负载柜上的模拟感性负载来模拟线路电流变化情况。先调整电流继电器：将电流继电器 1LJ 调整到 2.5 A 动作，将电流继电器 2LJ 调整到 3.5 A 动作；将时间继电器

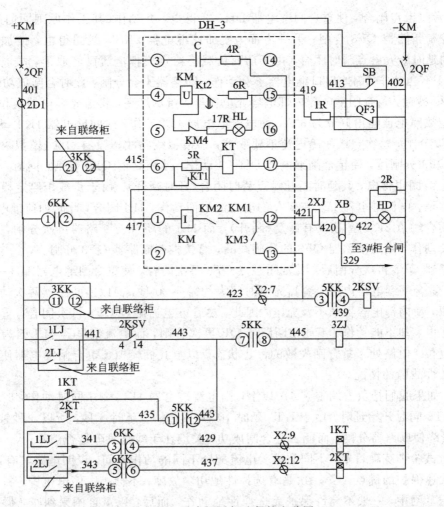

图 7-6 重合闸后加速保护电路图

KT1 的动作时间调整为延时 10 秒钟,将时间继电器 KT2 的延时时间调整成 6 秒。当电流继电器 1LJ 流过 2.5 A 以上电流时,经过 10 秒的延时就会使出口继电器动作;当电流继电器 2LJ 流过 3.5 A 以上电流时,经过 6 秒的延时就会使出口继电器动作,以此来模拟线路保护中,当出现不同的过载电流时,保护电路有选择时间的保护动作。

(3)控制开关 6KK 是重合闸继电器的切换开关,控制重合闸继电器的切除和投入。将控制开关 6KK 转到接通位置。经过大约 30 秒时间,重合闸继电器 DH-3 内电容器充电完成,观察重合闸继电器 DH-3 内的充电指示灯,灯亮表示重合闸继电器内部电容的充电已经完成,可以进行重合闸实操训练。

调整负载柜负载,观察电流表 PA,使电流继电器流过 1.5 A 左右的电流,此时,电路是稳定的,表示线路正常工作。

将电流调到大于 2.5 A,此时电流继电器 1LJ 动作,时间继电器 1KT 动作,开始延时,经过 10 秒钟的延时,时间继电器 1KT 的常开触点闭合,带动出口继电器 1KA 动作,触点 1KA 闭合,使模拟断路器 QF3 的分闸线圈 TQ 得电,控制断路器 QF3 分闸。此时,立即将负载柜的负载给定取消,表示"线路瞬时故障已经解除",这时断路器 QF3 的分闸,使 QF3 常闭触点闭合，使重合闸继电器 DH - 3 得电，并动作（其工作原理同前所述）。一方面，控制断路器 QF3 合闸；另一方面，使加速继电器 2KSV 线圈得电，使加速继电器 2KSV 的延时断开触点瞬时闭合，由于前面负载柜给定模拟电流已经取消，故电流继电器 1LJ、2LJ 不会动作，因此出口继电器不会动作，断路器不会分闸，此时合闸成功。

约 30 秒钟，重合闸继电器内部电容充电完毕，指示灯亮，将信号继电器复位。再将负载柜给定故障电流输出调节为 3 A，使电流继电器 1LJ 动作，时间继电器 1KT 动作，使断路器 QF3 分闸，这次负载故障电流不要取消，即模拟线路故障没有切除（模拟永久故障）。断路器 QF3 分闸后，使重合闸继电器 DH - 3 动作，使断路器 QF3 合闸，同时，加速继电器 2KSV 线圈也得电，其延时断开触点瞬时闭合（延时断开）。由于负载柜给定模拟故障电流没有取消，电流继电器 1LJ 有 3 A 的电流流过而动作，1LJ 闭合，此时加速继电器 2KSV 的瞬时闭合触点 2KSV，还没有恢复（断开），而 1LJ 的闭合使断路器再次分闸，由中间继电器 3ZJ 动作，接通断路器 QF3 的分闸线圈，直接控制断路器 QF3 分闸。

断路器 QF3 再次分闸后，其常闭触点 QF3 再次闭合，使重合闸继电器 DH - 3 再次得电，由于重合闸继电器内部电容器充电时间大约需要 20 秒，而以上断路器两次动作之间的时间太短，使内部电容器来不及充电，因此，尽管继电器触点 QF3 再次闭合，重合闸继电器再次得电，却不能动作，不能使断路器 QF 再次合闸，而电流继电器 1LJ 因为没有电流流过而复位。电路处于重合闸失败的停止状态。以上我们模拟了重合闸继电器使断路器重合于永久性故障的情况。

（4）如果我们把负载调整到 4A 以上，则电流继电器 1LJ、2LJ 同时动作，时间继电器 KT1、KT2 同时开始延时，由于 KT1 延时 10 秒，而 KT2 延时 6 秒，所以 6 秒钟后，KT2 动作，最终使断路器分闸。而能否重合闸成功，关键在于线路故障是否消除。

以上试验训练项目中，不同的试验电流配合不同的动作时间，说明电路具有选择性。

后加速保护的优点：第一次是有选择性地切除故障，不会扩大停电范围，特别是在重要的高压电网中，一般不允许保护无选择性地动作，而后，以重合闸来纠正，保证了永久性故障能瞬间动作。重合闸成功与否取决于故障的类型，要是永久性故障，无论哪种方式都不能合闸成功。

（5）实操训练完毕后，一定断开系统电源，关好屏门，将试验导线放置整齐。

**5. 在供配电系统实训装置及元件抽屉模块上实训步骤**

按照图 7 - 1 自动重合闸电路原理图中用到的自动重合闸继电器、中间继电器、光字牌等器件，借助于继电保护校验仪及供配电系统实训装置、电源总控柜、直流屏控制装置完成图 7 - 1 电路接线、查线与调试任务。

# 训练项目7　自动重合闸装置实操、接线与调试　任务单

| 训练项目7<br>自动重合闸装置实操、接线与调试 | | | 姓名 | 学号 | 班级 | 组别 | 实训时间 |
|---|---|---|---|---|---|---|---|
| 学时 | 4学时 | 辅导<br>教师 | | | | | |

项目描述:

1. 根据电路图7-1,完成自动重合闸电路接线、调试任务。

2. 完成项目的自我评价与总结报告。

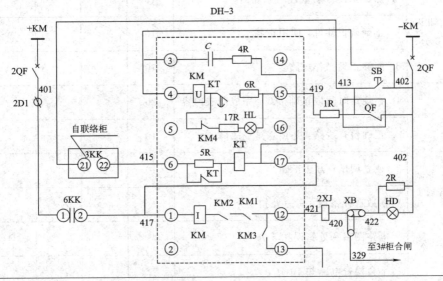

教学目标:

1. 能够识读和分析自动重合闸电路原理图,并能识别重合闸继电器。

2. 能够看图接线、调试与实操,并能排查故障。

3. 具备团结合作、组织与语言表达能力。

实训设备:

供配电实训系统及负载柜如图7-2所示;各种元件抽屉模块如图7-3所示;供配电实训装置、电源总控柜、直流屏控制装置、继电保护校验仪、模拟断路器等,如图7-4所示。

# 训练项目 7　自动重合闸装置实操、接线与调试　评价单

| 姓名 | | 学号 | | 班级 | | 组别 | | 成绩 | |
|---|---|---|---|---|---|---|---|---|---|

| 训练项目 7　自动重合闸装置实操、接线与调试 | | | | 小组自评 | | 教师评价 | |
|---|---|---|---|---|---|---|---|
| 评 分 标 准 | | 配分 | 扣分 | 得分 | 扣分 | 得分 | |
| 一、基本知识与技能(30 分) | 1. 熟练识读自动重合闸原理图 | 10 | | | | | |
| | 2. 正确认识器件，使用正确 | 10 | | | | | |
| | 3. 能够正确操作电路 | 10 | | | | | |
| 二、接线与调试(40 分) | 1. 在规定时间内正确接线，完成所有内容 | 20 | | | | | |
| | 2. 正确检查线路，并独立排查故障 | 10 | | | | | |
| | 3. 独立调试，方法正确 | 10 | | | | | |
| | 参数选择错误，每一处扣 5 分 | | | | | | |
| | 电路图每一处错误扣 5 分 | | | | | | |
| | 不会检查电路扣 10 分 | | | | | | |
| 三、协作组织(10 分) | 1. 在任务实施过程中，出全勤，团结协作，制定分工计划，分工明确，积极动手完成任务 | 10 | | | | | |
| | 2. 不动手，或迟到早退，或不协作，每有一处，扣 5 分 | | | | | | |
| 四、汇报与分析报告(10 分) | 项目完成后，按时交实训总结报告，内容书写完整、认真 | 10 | | | | | |
| 五、安全文明意识(10 分) | 1. 任务结束后清扫工作现场，工具摆放整齐 | 10 | | | | | |
| | 2. 任务结束不清理现场扣 5 分 | | | | | | |
| | 3. 不遵守操作规程扣 5 分 | | | | | | |
| 总　　　分 | | | | | | | |

# 训练项目 7　自动重合闸装置实操、接线与调试　报告单

| 姓名 | | | | | | 实训学时 | 辅导教师 |
|------|--|--|--|--|--|----------|----------|
| 分工任务 | | | | | | | |
| 工具 | | | | | | | |
| 测试仪表 | | | | | | | |
| 调试仪器 | | | | | | | |

一、自动重合闸电路原理分析

二、实操步骤

# 训练项目 7　自动重合闸装置实操、接线与调试　报告单

三、调试参数整定值

四、总结

| 项目实施过程<br>问题记录 | | |
|---|---|---|
| 记录员 | | 完成日期 | |

# 训练项目 8 备用电源的自动投入电路实操、接线与调试

## 一、项目描述

(1) 根据图 8-1 所示的 10 kV 供配电系统图、图 8-2 所示的电压回路图、图 8-3 所示的母联柜自动投入电路图，在供配电系统上完成电路的实操任务。

(2) 完成任务的自我评价与总结报告。

## 二、教学目标

(1) 能够识读上述图 8-1、8-2、8-3 备用电源自动投入电路的原理。

(2) 具有电路的分析能力，能够看图接线、排查故障。

(3) 具备团结合作、组织与语言表达能力。

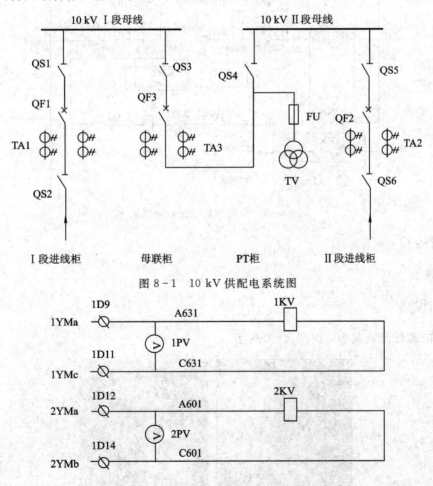

图 8-1 10 kV 供配电系统图

图 8-2 电压回路图

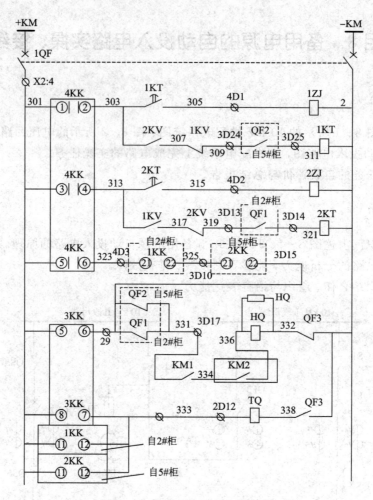

图 8-3　母联柜自动投入电路图

## 三、学时安排

4 学时。

## 四、实训设备

供配电系统及负载柜，如图 8-4 所示。

图 8-4　供配电实训系统及负载柜

## 五、教学实施

教学采用理实一体组织实施,"教、学、实操"为一体,学生分小组展开动手实践教学过程。

## 六、实操内容

### 1. 工作原理

10 kV 供配电系统如图 8-1 所示为两路电源进线,2♯柜为 I 段电源进线柜,5♯柜为 II 段电源进线柜,3♯柜为母线联柜分断系统。两路电源进线,正常运行时母联开关是分断的,两路进线分别承担各段母线的负荷。当 I 段进线柜(2♯柜)失电 QF1,自动投入母联柜(3♯柜)QF3;同样,当 II 段进线柜(5♯柜)QF2 失电,自动投入母联柜(3♯柜)QF3。4♯柜为 PT 柜。

### 2. 实操步骤

(1) A 路电源失电,断路器 QF1 分闸,QF3 合闸恢复给 A 路供电的过程。投入 1♯柜正常运行。

将 2♯柜万能转换开关 1KK,5♯柜万能转换开关 2KK,3♯柜万能转换开关 3KK,置于分闸后位置。将 3♯柜母联断路器自动切投开关 4KK 置于切除位置。

接通电源 1、2 路电源(1♯柜中自动开关 QF8 和 QF9),使电压继电器 1KV,2KV 可靠吸合(电压继电器 1KV,2KV 的动作电压应调整在 95 V 左右)。

转动 2♯柜万能转换开关 1KK,使断路器 QF1 合闸、分闸,说明断路器 QF1 的手动回路正常;同样转动 5♯柜 2KK 和 3♯柜 3KK,使断路器 QF2、QF3 能合闸和分闸,说明断路器 QF2,QF3 的手动回路正常。

接通 4♯柜的隔离开关,投入 PT 柜。

观察 4♯柜两只电压表,均指示正常(模拟,为 10 kV 左右)。

将 2♯柜 1KK 转动到合闸位置,断路器 QF1 合闸,将 1KK 自动转到"合闸后位置",其触点 1KK(11)、(12)接通。

将 5♯柜 2KK 转动到合闸位置,断路器 QF2 合闸,2KK 自动转到"合闸后位置",其触点 2KK(11)、(12)接通。

将 3♯柜投切开关 4KK 转到投入位置,此时母联断路器 QF3 已经具备了自动投入的基本条件。

断开 1♯柜断路器 QF8(模拟 A 处电源失电),电压继电器 1 kV 失电,触点 1 kV 恢复闭合,使时间继电器 1KT 得电(+KM—4KK(1)、(2)—2kV—1kV—QF2—1KT—-KM)经过 1 秒延时,其触点 1KT 闭合,使中间继电器 1ZJ 线圈得电,其常开点 1ZJ 闭合,接通 2♯柜断路器 QF1 的分闸线圈,QF1 的分闸线圈得电,控制 QF1 分闸。断路器 QF1 分闸,使得触头 QF1 闭合,接通 3♯柜母联断器 QF3 的合闸回路(+KM—4KK(5)、(6)—1KK(21)、(22)—2KK(21)、(22)—QF1—2—QF3 合—-KM)合闸线圈 QF3(合)得电合闸,恢复供电(由 B 路供电)。

以上是 A 路电源失电,断路器 QF1 分闸,QF3 合闸恢复给 A 路供电的过程。

(2) B 路电源失电,断路器 QF2 分闸,母联断路器 QF3 合闸的过程。合上 1♯柜断路器 QF8,电压继电器 KV1 吸合表示"A 路电源恢复供电"。

转动 2♯柜万能转换开关 1KK 到合闸位置,使母联断路器 QF3 分闸(+KM—1KK (17)(18)—QF3(分)),其常闭触点 QF3 闭合,使 A 路断路器 QF1 得电,合闸(+KM— 1KK(5)、(6)—QF3—QF1(合)——KM)万转开关 1KK 自动停止在合闸后状态。

断开 5♯柜断路器 QF9(模拟 B 处电源失电),电压继电器 2KV 失电释放,常闭触点 2KV 闭合,时间继电器 2KT 得电(+KM—4KK(3)、(4)—1kV—2kV—QF1—2KT——KM) 开始延时,1 秒钟后,延时触点 2KT 闭合,使中间继电器 2ZJ 得电,2ZJ 使断路器 QF2 的 分闸线圈得电,QF2 分闸。QF2 的分闸,使得其常闭触点 QF2 闭合,使得母联断路器 QF3 合闸线圈再次得电(+KM—4KK(5)、(6)—1KK(21)、(22)—2KK(21)、(22)—QF2— —QF3(合)——KM)合闸 QF3 的合闸,恢复供电(由 A 路供电)。以上是 B 路电源失电, 断路器 QF2 分闸,母联断路器 QF3 合闸的过程。

合上 1♯柜断路器 QF9,电压继电器 2 kV 得电吸合,表示 B 路电源恢复供电。

转动 5♯柜万转开关 2KK 到合闸位置,使母联断路器 QF3 分闸(+KM—2KK(17) (18)—QF3(分))其常闭触点 QF3 闭合,使 B 路断路器 QF2 得电,合闸(+KM—2KK(5)、 (6)—QF3—QF2(合)——KM)万转开关 2KK 自动停止在合闸后状态。

# 训练项目8　备用电源的自动投入电路实操、接线与调试　任务单

| 训练项目8　备用电源的自动投入电路实操、接线与调试 | | 姓名 | 学号 | 班级 | 组别 | 实训时间 |
|---|---|---|---|---|---|---|
| 学时 | 4学时 | 辅导教师 | | | | |

项目描述：

1. 根据图8-1所示的10 kV供配电系统图、图8-2所示的电压回路图、图8-3所示的母联柜自动投入电路图，在供配电系统上完成电路的实操任务。

2. 完成任务的自我评价与总结报告。

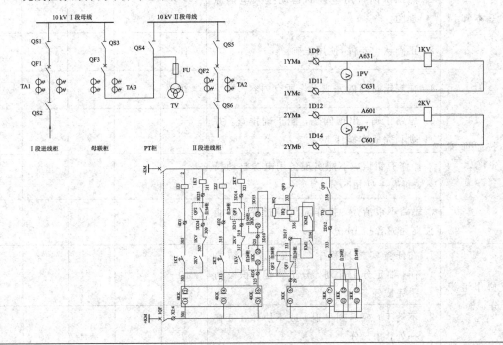

教学目标：

1. 能够识读上述图8-1、8-2、8-3备用电源自动投入电路的原理。

2. 具有电路的分析能力，能够看图接线、排查故障。

3. 具备团结合作、组织与语言表达能力。

实训设备：

供配电系统及负载柜，如图8-4所示。

# 训练项目 8　备用电源的自动投入电路实操、接线与调试　评价单

| 姓名 | | 学号 | | 班级 | | 组别 | | 成绩 | |
|---|---|---|---|---|---|---|---|---|---|

| 训练项目 8　备用电源的自动投入电路实操、接线与调试 | | | 小组自评 | | 教师评价 | |
|---|---|---|---|---|---|---|
| 评 分 标 准 | | 配分 | 扣分 | 得分 | 扣分 | 得分 |
| 一、基本知识（30分） | 1. 熟练识读备用电源的自动投入电路原理图 | 15 | | | | |
| | 2. 正确认识器件，使用正确 | 15 | | | | |
| 二、技能训练（40分） | 1. 在规定时间内完成操作所有内容 | 20 | | | | |
| | 2. 思路正确，出现问题，能正确排查，并顺利完成实操任务 | 20 | | | | |
| | 操作有错误，不能实现备用电源自动投入，每有一处扣5分 | | | | | |
| | 思路不很清楚，操作靠老师指导，不能独立完成者扣10分 | | | | | |
| 三、协作组织（10分） | 1. 在任务实施过程中，出全勤，团结协作，制定分工计划，分工明确，积极动手完成任务 | 10 | | | | |
| | 2. 不动手，或迟到早退，或不协作，每有一处，扣5分 | | | | | |
| 四、汇报与分析报告（10分） | 项目完成后，按时交实训总结报告，内容书写完整、认真 | 10 | | | | |
| 五、安全文明意识（10分） | 1. 任务结束后清扫工作现场，工具摆放整齐 | 10 | | | | |
| | 2. 任务结束不清理现场扣5分 | | | | | |
| | 3. 不遵守操作规程扣5分 | | | | | |
| 总　　分 | | | | | | |

# 训练项目 8 备用电源的自动投入电路实操、接线与调试 报告单

| 姓名 | | | | | | 实训学时 | 辅导教师 |
|---|---|---|---|---|---|---|---|
| 分工任务 | | | | | | | |
| 工具 | | | | | | | |
| 测试仪表 | | | | | | | |
| 调试仪器 | | | | | | | |

一、原理分析

二、实操步骤

## 训练项目 8　备用电源的自动投入电路实操、接线与调试　报告单

| 三、总结 | | | | |
|---|---|---|---|---|
| | | | | |
| 项目实施过程问题记录 | | | | |
| | 记录员 | | 完成日期 | |

# 第二部分 综合实训

# 综合实训 1　继电保护二次接线工艺

## 一、继电保护二次接线工艺适用范围

继电保护二次接线工艺适用于高低压成套开关设备的二次下线配置。

## 二、材料

(1) 各色多股塑料绝缘铜芯线，型号 BVR，标准号 JB8734—1998，截面积为 1.0 mm²、1.5 mm² 等。

(2) OT1.5 型、VT1.5 型铜制裸压接端头。

(3) TC 塑料行线槽、塑料缠绕管、波纹管、异形塑料管、不干胶标签、绝缘护套。

(4) NZ 尼龙捆扎带、固定座、塑料夹、自粘吸盘。

(5) 松香、焊锡等。

## 三、实训设备及工具

继电保护各种元器件抽屉模块如综图 1-1 所示；供配电系统实训装置、电源总控柜、直流屏控制装置、继电保护校验仪、模拟断路器如综图 1-2 所示。线号印字机，剥线钳，尖嘴钳，斜口钳，压接钳，电工刀（剪刀），万用表，2 米卷尺，4 寸、6 寸、8 寸螺丝刀等工具如综图 1-3 所示。

综图 1-1　各种元器件抽屉模块

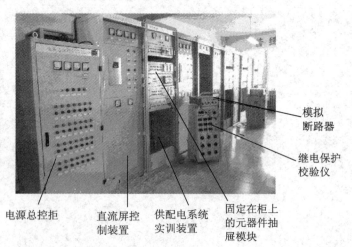

模拟断路器

继电保护校验仪

电源总控柜　　直流屏控制装置　　供配电系统实训装置　　固定在柜上的元器件抽屉模块

综图 1-2　供配电系统实训装置等

综图 1-3 线号印字机及工具

## 四、工艺要求

继电保护二次接线工艺要求配线排列布局合理，横平竖直，曲弯美观一致，接线正确、牢固，并与图样一致。

### 1. 准备工作

(1) 读懂接线图与原理图，看图检查是否有漏线和缺少标号现象，元件及规格是否与接线图及原理图相一致。

(2) 按照图纸进行二次回路元辅件，包括继电器、仪表、信号灯、按钮、二次插件、端子等的安装。

(3) 按照接线图进行线号和符号牌的加工、固定。

### 2. 导线选用

(1) 导线应为绝缘铜芯线，其最小截面积对于单股铜导线为 $1.5~\text{mm}^2$，对于多股铜导线为 $1.0~\text{mm}^2$，特殊电路(如半导体弱电回路等)用更小一些的绝缘铜线。

(2) 绝缘导线的额定绝缘电压不得低于回路的额定电压。

(3) 导线的颜色，按照 GB2681《电工成套装置中的导线颜色》的规定选用。一般二次回路选用黑色，保护导线(如接地连线)采用黄绿双色相间的绝缘导线，并且颜色贯穿导线的全长。

(4) 导线规格按回路电流确定，一般电压回路、控制回路、保护回路、指示灯回路中导线截面积不应小于 $1.5~\text{mm}^2$。电流回路、表计回路、加热器回路、电压互感器回路、小母线(柜与柜连接)的导线截面积不应小于 $2.5~\text{mm}^2$。

(5) 在可移动的地方，如过门线，必须采用多股铜芯导线。过门线束还应采用固定的措施，过门线束中截面积为 $1.5~\text{mm}^2$ 的导线不超过 30 根，截面积为 $1~\text{mm}^2$ 的导线不超过 45 根，若导线超出规定数量，可将线束分成 2 束或更多，以免因线束过大而使门的开、关不自如。过门接地线的截面积在低压柜中不小于 $2.5~\text{mm}^2$，在高压柜中不小于 $4~\text{mm}^2$。

### 3. 布线方法

1) 成束配线法

成束配线法适用于单股硬线束和多股软线束。此配线法将相同走向的导线，用专用塑料扎带捆扎在一起，断面呈圆形，捆扎方法如综图 1-4 所示。在适当位置设置线夹，将线束固定于骨架上，如综图 1-5 所示，让线束与屏面有适当距离。

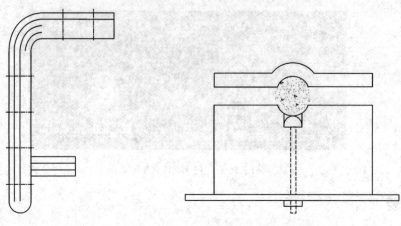

综图 1-4 塑料扎带捆扎一束　　　　综图 1-5 设置线夹固定

对成束配线法导线线束的外观要求：捆扎的导线应平直，相互平行，不得有明显的交叉和跨越；线束中导线的引出位置应与导线的连接点保持最短距离；线束的内弯曲半径不大于线束外径的 2 倍，以免在转弯处造成较大的应力集中；线束走向应横平竖直，整齐美观；线束捆扎的线节距应力求均匀；线束捆扎用力不得过大而导致绝缘损伤；大电流的电源线与低频率的信号线不能捆扎为一束；没有屏蔽措施的高频信号线与其他导线不能捆扎为一束；高电平与低电平的信号线不能捆扎为一束。

2）行线槽布线法

行线槽布线法是将二次线放设在专为配线用的塑料行线槽内，不必对导线施行捆扎的配线方法。导线按走向分为水平和垂直两个方向放置在行线槽内，线槽必须留有一定的余量，大约存 20%～30% 的空间。

行线槽法布线优点：布线方便，快捷；布线后整洁美观；对线束的检查、维修方便。

对行线槽布线的一般要求：线束布放后不应使槽体内导线过于拥挤而产生变形；导线在槽体内应舒展布放，允许导线有一定的弯度，不强求导线布放整齐，但不能相互交叉；导线从槽体引出时，应从最近的槽口出线；行线槽应有支架固定。

3）布线方法

布线时，根据电路接线图确定布线途径，按实际行线途径确定线长，量线下料，并留有适当的余量。导线两端做上记号，套上写好线号的异型管标记头。

布线时，一般按照自上而下、从左到右的顺序逐个接入各电器接点，每接完一个部件后，按照导线去向捆扎好，并在敷设过程中及时分出和补入增加的需连接电器的导线，逐渐形成总体线束与分支线束。

线束敷设途中，如遇金属障碍物，则应以弯曲形式越过，中间至少应留出 3～5 mm 间距。

布线时应注意装有电子器件的控制装置，一次线与二次线应分开走线，或采取有效隔离措施。

布线时，要横平竖直，层次分明，回路清晰，美观大方，不能遮盖元件代号，以便施工和维修。

布线时，导线不允许在母线之间或在安装孔中穿过。

布线时,线束要用绝缘线夹固定在骨架上,两固定点之间的距离,横向不得超过 300 mm,纵向不得超过 400 mm。

在可移动的地方(过门线等),除采用多股铜芯线外,还要留有足够的余量,并用缠线管缠绕(高压用蛇皮套管,低压有特殊要求时除外),线束根据走线方向变成 U 型或 S 型,门关闭时线束不得叠死。

过门、活动面板线束应在两侧弯曲起点用绝缘夹紧固。

连线(不接入端子排的线)应与线束捆扎在一起,不得悬空走飞线。

**4. 接线**

绝缘导线的剥离要用剥线钳,钳口应选用合适,不得损伤导线。当芯线上附有黏着物或氧化膜时,应用电工刀刮除。

一般一个连线点连接一根导线,最多可以接二根导线,不允许接三根及以上多根导线。

导线弯成羊眼圈应与紧固螺钉(栓)的旋紧方向一致。圆圈弯曲方向反了,容易松散;圆圈不圆,压不紧,接触面不良;圆圈有毛刺,易造成线间短路。弯成羊眼圈的导线图如综图 1-6 所示。

接线端头向外弯圈的导线都应留有一定的余量,如综图 1-7 所示。

根据图纸所标线号,将导线两端套上异形塑料管,异形塑料管在线路中应置于水平位置或垂直位置。写线号顺序应从左到右,从下到上,如综图 1-8 所示。

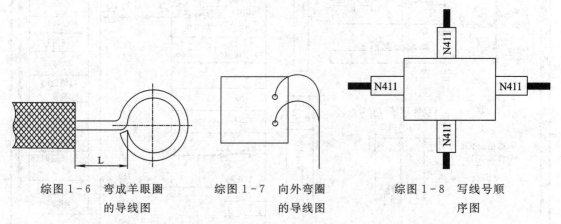

综图 1-6 弯成羊眼圈的导线图　　综图 1-7 向外弯圈的导线图　　综图 1-8 写线号顺序图

所有接线点的联结必须牢固可靠,接触良好。两个接线点的连线不得有中间接头。

使用多股导线时,线头必须绞紧,并配置合适的接线端头,接线端部采用冷压工艺压接。

## 五、高压开关柜继电保护的安装、调试及低压开关柜电气控制的安装、调试流程

流程图如综图 1-9 所示。

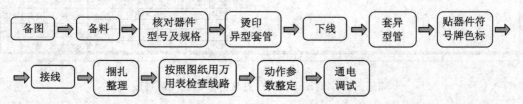

综图 1-9 高压开关柜继电保护的安装、调试及低压开关柜电气控制的安装、调试流程图

# 综合实训 2　高压进线两段过流保护柜装配与调试

## 一、项目描述

（1）读懂给定的综图 2-1 高压进线两段过流保护柜电气原理图、综图 2-2 高压进线定时限过流保护柜电气原理图。根据给定的综图 2-3～综图 2-7 所示高压进线柜接线图，能够核对实物器件是否与图纸型号、端子号一致，并对实物器件用万用表进行测试、检查。确认完好后，按照给定接线图及继电保护二次接线工艺要求，完成开关柜装配任务的下线、在异型管上写线号、套异型管、接线、行线、捆扎等布线任务。

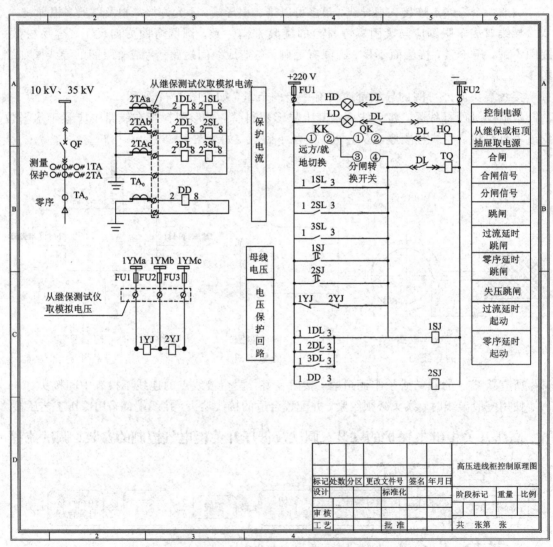

综图 2-1　高压进线两段过流保护柜电气原理图

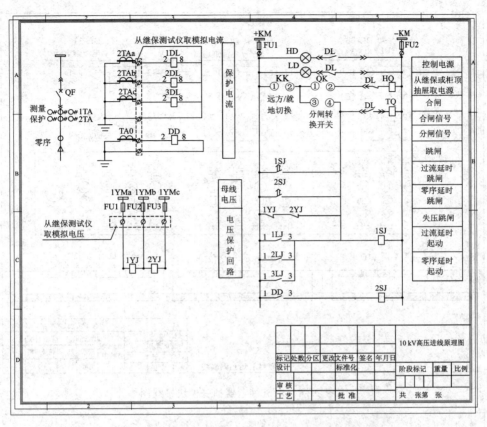

综图 2-2 高压进线定时限过流保护柜电气原理图

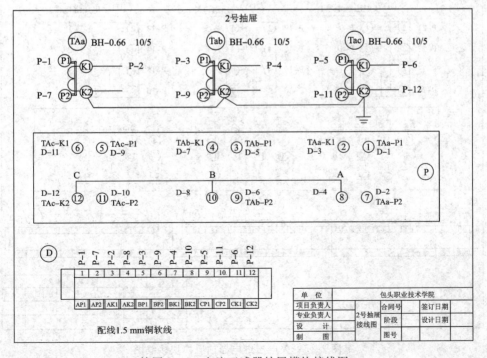

综图 2-3 电流互感器抽屉模块接线图

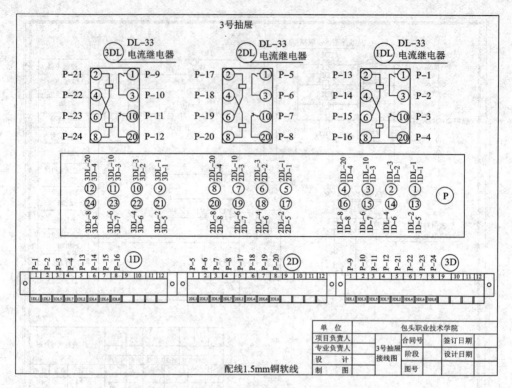

综图 2-4　电流继电器抽屉模块接线图

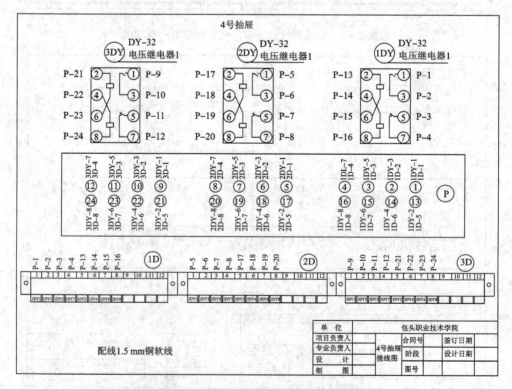

综图 2-5　欠电压继电器抽屉模块接线图

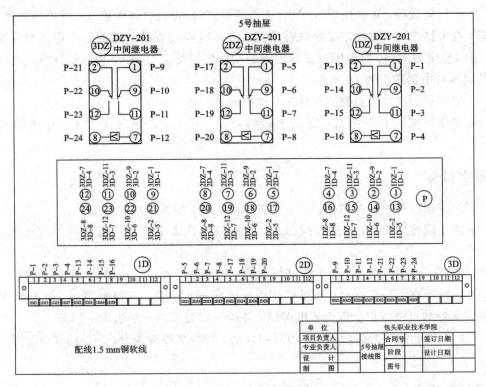

综图 2-6 中间继电器抽屉模块接线图

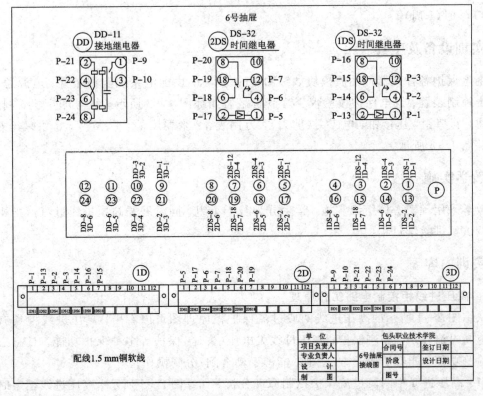

综图 2-7 时间继电器抽屉模块接线图

(2) 布线完成后，正确使用万用表(或通断测试灯)进行电路的检查，并排除故障。

(3) 在调试之前，对动作参数进行整定。将定时限过流继电器的动作电流整定为 4.2 A，将时限整定为 10 s，将速断过流继电器的动作电流整定为 6 A，将高压母线欠电压保护电路的电压继电器整定为 70 V。

(4) 继电保护动作参数整定完成后，通电调试，并记录问题。

(5) 根据完成的实训项目，完成小组的自查、互查，并填写评价单，写出实训总结报告。

## 二、教学目标

(1) 能读识电路原理图与接线图；能够查阅图纸、器件等相关参数。

(2) 能正确使用工具，按照接线图及二次接线工艺要求进行过流保护柜的布线、装配工作。

(3) 能正确使用万用表，对装配好的线路进行检查，并排查故障。

(4) 能正确整定动作参数；能正确使用继电保护校验仪、模拟断路器、继电保护实训系统对装配好的过流保护柜进行通电调试，并能及时处理调试中出现的问题。

(5) 具有专业知识的综合运用，项目的计划、实施与评价能力；具备协作、组织与表达能力。

## 三、学时安排

30 学时(1 周)。

## 四、实训设备及工具

继电保护各种元器件抽屉模块如综图 1-1 所示；供配电系统实训装置、电源总控柜、直流屏控制装置、继电保护校验仪、模拟断路器如综图 1-2 所示。线号印字机，剥线钳，尖嘴钳，斜口钳，压接钳，电工刀(剪刀)，万用表，2 米卷尺，4 寸、6 寸、8 寸螺丝刀等工具如综图 1-3 所示。

## 五、教学实施

教学采用理实一体组织实施，学生分为若干小组，同时展开高压进线过流保护柜的装配与调试实训教学过程。

## 六、实训内容

### 1. 高压进线柜控制电路工作原理

从综图 2-1 所示的高压进线两段过流保护柜原理图可以看出，高压进线柜具有定时限与速断过流保护、零序保护、高压母线欠电压(失压)保护等多种保护功能，具有三相电流的检测功能，能够切换远方/就地，能够手动合闸/分闸操作。

(1) 高压进线柜两段过流保护控制原理分析。如综图 2-1 所示，高压进线柜定时限过流保护电路采用三相三继电器接线方式。当高压线路正常运行时，定时限过流继电器

1DL、2DL、3DL 和速断过流继电器 1SL、2SL、3SL 均不动作，通过电流互感器 2TAa、2TAb、2TAc 二次侧接的三相监测电流表显示线路正常运行时的电流值。

若高压进线在速断保护范围内发生 A、B 相短路故障，则定时限过流继电器 1DL、2DL 和速断过流继电器 1SL、2SL 均动作，其常开触点 1DL、2DL 和 1SL、2SL 均闭合，由于速断保护不需要延时，直接接通高压断路器(在这里是模拟断路器)的跳闸线圈 TQ，使得高压断路器(模拟断路器)跳闸，同时跳闸指示灯 LD 亮，完成速断一段保护。上述过程，当速断继电器 1SL、2SL 失灵不动作时，则由定时限过流保护，经过一定延时，由时间继电器延时常开触点 1SJ 闭合，延时接通高压断路器(在这里是模拟断路器)的跳闸线圈 TQ，使得高压断路器(模拟断路器)跳闸，同时跳闸指示灯 LD 亮，完成一段保护的后备保护。

若高压进线在速断不保护范围(死区)内发生 A、B 相短路故障，则定时限过流继电器 1DL、2DL 动作，其常开触点 1DL、2DL 闭合，接通时间继电器 1SJ 线圈，其延时常开触点 1SJ 延时闭合，延时接通高压断路器(在这里是模拟断路器)的跳闸线圈 TQ，使得高压断路器(模拟断路器)跳闸，同时跳闸指示灯 LD 亮，完成定时限保护。由于在速断不保护范围(死区)内发生的 A、B 相短路故障未达到速断保护动作电流，故速断保护不动作。

同理，大家可以分析 A、B、C 相发生短路，B、C 相发生短路，A、C 相发生短路的情况。

(2) 高压进线柜的零序保护原理分析。当高压进线发生单相接地故障时，线路的三相电流不平衡，使得零序电流继电器 DD 过流，则零序电流互感器 TA。动作，其常开触点闭合，接通时间继电器 2SJ，经时间继电器 2SJ 一定延时，其常开延时触点 2SJ 闭合，接通高压断路器(在这里是模拟断路器)的跳闸线圈 TQ，使得高压断路器(模拟断路器)跳闸，同时跳闸指示灯 LD 亮。

(3) 高压进线柜的欠电压(失压)保护原理分析。当高压进线电压正常时，欠电压继电器常闭触点 1YJ、2YJ 断开。

当高压进线电压欠电压(本实训整定值低于 70 V)或失压时，欠电压继电器 1YJ、2YJ 动作，其常闭触点 1YJ、2YJ 闭合，接通高压断路器(在这里是模拟断路器)的跳闸线圈 TQ，使得高压断路器(模拟断路器)跳闸，同时跳闸指示灯 LD 亮。

(4) 高压进线柜的远方/就地切换控制。远方/就地切换是通过转换开关 KK 来实现切换控制的。

(5) 高压进线柜的合闸/分闸手动控制。合闸/分闸手动控制是通过转换开关 QK 来实现控制的。

**2. 识读接线图**

1) 器件抽屉模块的组成

每一个器件抽屉模块均由三部分组成：第一部分是器件背面端子图；第二部分是可以通过抽屉模块的前面进行接线的插接式、带圆孔的 P 接线板(P 接线板有两排接线端，每一排有 12 个接线端子，可以用于项目训练的快速接线)；第三部分是可以通过抽屉模块的后面进行布线、接线的 D 端子排。P 接线板分为两层插孔式接线端子，每一层的正面图纸从右到左依次排序为 1～12、13～24。D 端子排是由 1D、2D、3D 组成的，每组端子排是由 12

个端子组成的，其正面图纸从左到右依次排序为 1～12。P 接线板是用于连接器件和接线排的中间环节，主要用于项目训练的快速接线，在实际开关柜中是没有此环节的，实际中只有器件背面接线图和 D 端子排。

2）识读接线图的方法

看懂接线图是本实训重点要学会的技能之一。现以综图 2-4 电流继电器抽屉模块接线图（3 号抽屉图）为例来说明如何来识读接线图。

① 按照由左到右、由上向下的顺序先看第一个器件 3DL 电流继电器的端子接线图。如 3DL 电流继电器的 2 号端子标记是"P-21"，表示连接导线的一端接 2 号端子，另一端接在 P 接线板的排列序号为"21"的端子上。同时，在图中 P 接线板的"21 号"也有标记线号"3DL-2"。

② 接着再看 P 接线板的"21"号端子。P 接线板的"21"号端子标记线号为"3D-5"和"3DL-2"，表示"21"号端子有两根线，一根线接 3DL 电流继电器的"2"号端子，一根线接 3D 端子排的 5 号接线端。

**3. 高压进线柜的装配、布线、调试流程**

（1）根据图纸，准备布线材料，并核对实物器件型号是否与图纸一致，检查器件是否完好（包括线圈、常开点、常闭点）。

（2）烫印异型套管，可以通过打号机或手写线号来完成。

（3）量线、下线。根据电路接线图，将所有器件上的导线按实际行线途径，确定线长，并留有适当的余量。要求余量比实际行线路径长 300～350 cm。量完线后，所有线整把下料。

（4）套异型管。在下料的每一根导线的两端做上记号，套上写好线号的两个异型管标记头。根据图纸所标线号，将导线两端套上异型塑料管，异型塑料管在线路中应置入水平位置或垂直位置，写线号顺序应从左到右，从下到上，如综图 1-8 所示写线号顺序。

（5）接线、捆扎、整理。布线时，一般按照自上而下、从左到右的顺序逐个接入各电器接点，每接完一个部件后，按照导线去向捆扎好，并在敷设过程中，及时分出和补入需增加的连接电器的导线，逐渐形成总体线束与分支线束。线束敷设途中，如遇金属障碍物，则应以弯曲形式越过，中间至少应留出 3～5 mm 间距。线束要用绝缘线夹固定在骨架上，两固定点之间的距离，横向不得超过 300 mm，纵向不得超过 400 mm。布线时，要横平竖直，层次分明，回路清晰，美观大方，不能遮盖元件代号，以便施工和维修。

（6）检查线路。布线完成后，用万用表（或用通断测试灯）按照接线图检查线路。将数字万用表打到"通/断蜂鸣"挡位。

检查线路的方法是：

先测试器件端子到 P 接线板的接线。如测试 3 号抽屉图的 3DL 电流继电器的 2 号端子标记是"P-21"。将万用表的一支表笔放置在 3DL 电流继电器的 2 号端子上，另一支表笔放置在导线去向 P 接线板的"21"号端子上，若数字万用表蜂鸣，说明线路接对了。

再接着测试 P 接线板到 D 端子排的接线。如 P 接线板的"21"号端子标记线号为"3D-5"和"3DL-2"。将万用表的一支表笔放置在 P 接线板的"21"号端子上，另一支表笔放置在导线去向 3D 端子排的"5"号端子上，若数字万用表蜂鸣，说明线路接对了。由于另一根导线去向为"3DL-2"，在上面已经测试过了，所以不用再测。

学会检查方法后，学生按小组先自查，并填写自查评价单。完成自查后，小组之间再交换检查，并记录问题，没问题后，可以通电调试。

通过上面的学习，可以将检查线路的方法归纳为两条：

① 先依次测试每一个器件的每一个端子到 P 接线板的接线；

② 再测试 P 接线板到 D 端子排的接线。

根据器件接线端子上所标识的 P 接线板去向线号，再根据 P 接线板端子上所标识的 D 端子排去向线号，用万用表进行点对点线路检查。

（7）动作参数的整定。将布好线，检查没问题的器件抽屉模块中的定时限过流继电器的动作电流整定为 4.2 A，将定时限的时间继电器时限整定为 10 s；将速断过流继电器的动作电流整定为 6 A；将欠电压继电器电压整定为 70 V。

（8）调试。将布好线的各种器件抽屉模块，按照综图 2-1 所示进行组合，并安装、固定在供配电系统实训装置上。按照综图 2-1 所示电路进行接线、调试。可以通过由抽屉模块组合成的开关柜的前面板 P 接线板插孔进行接线，也可以通过后面板 D 端子排上的端子进行接线。教学中，我们采用前一种接线、调试方法。

先连接直流二次控制电路，后连接交流主电路。直流二次控制电路的电源为直流220 V，直流控制电源的正极用红色导线连接，负极用黑色导线连接，中间连接线可选用其他颜色。交流主电路按照 A、B、C 三相，用黄、绿、红导线进行连接。高压断路器用模拟断路器来替代，模拟断路器有合闸、分闸指示灯。电流互感器的二次电流由继电保护校验仪IA-IAN、IB-IBN、IC-ICN 来模拟给定 A 相、B 相、C 相电流；电压互感器的二次电压由继电保护校验仪 UA、UB、UC 来模拟给定 A 相、B 相、C 相电压。

调试时，一定要缓慢调节继电保护校验仪的电流旋钮和电压旋钮，使电流、电压由零逐渐增大，并观察电流或电压显示器，直到模拟断路器动作，即达到动作电流值或动作电压值，记录电流显示器或电压显示器的实际示值，与事先的整定参数值进行比较。

调试完成后，将继电保护校验仪电流或电压旋钮旋到零，之后断电。

调试的接线图可以按照综图 2-1 进行。下面列出几种调试接线图，供调试中参考。CSB 模拟断路器调试接线图、三相定时限过流保护电路的调试接线图分别如综图 2-8、综图 2-9 所示。

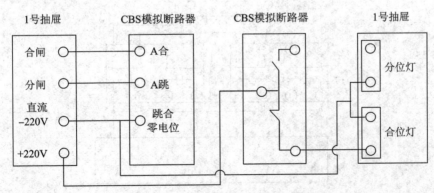

综图 2-8　CSB 模拟断路器调试接线图

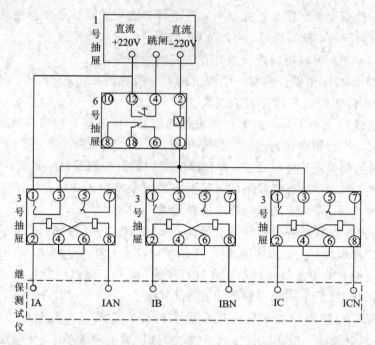

综图 2-9 三相定时限过流保护调试接线图

零序定时限保护调试接线图、母线欠电压保护调试接线图分别如综图 2-10、综图 2-11 所示。

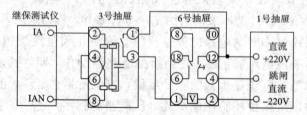

综图 2-10 零序定时限保护调试接线图

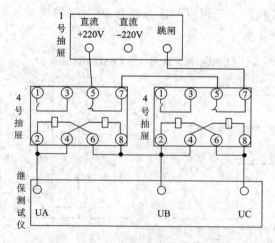

图 2-11 母线欠电压保护调试接线图

# 综合实训 2　高压进线两段过流保护柜装配与调试　任务单

| 综合实训 2　高压进线两段过流保护柜装配与调试 | 姓名 | 学号 | 班级 | 组别 | 实训时间 |
|---|---|---|---|---|---|
| 实训学时　30 学时　辅导教师 | | | | | |

项目描述：

　　1. 读懂给定的综图 2-1 高压进线两段过流保护柜原理图。根据给定的综图 2-2～综图 2-7 所示高压进线柜接线图，能够核对实物器件是否与图纸型号、端子号一致，并对实物器件用万用表进行测试、检查，确认完好后，按照给定接线图及继电保护二次接线工艺要求，完成开关柜装配任务的下线、在异型管上写线号、套异型管、接线、行线、捆扎等布线任务。

　　2. 布线完成后，正确使用万用表(或通断测试灯)进行电路的检查，并排除故障。

　　3. 在调试之前，对动作参数进行整定。将定时限过流继电器的动作电流整定为 4.2 A，将时限整定为 10 s；将速断过流继电器的动作电流整定为 6 A。将高压母线欠电压保护电路的电压继电器整定为 70 V。

　　4. 继电保护动作参数整定完成后，通电调试，并记录问题。

　　5. 根据完成的实训项目，完成小组的自查、互查，并填写评价单，写出实训总结报告。

教学目标：

　　1. 能读识电路原理图与接线图；能够查阅图纸、器件等相关参数。

　　2. 能正确使用工具，按照接线图及二次接线工艺要求进行过流保护柜的布线、装配工作。

　　3. 能正确使用万用表，对装配好的线路进行检查，并排查故障。

　　4. 能正确整定动作参数；能正确使用继电保护校验仪、模拟断路器、继电保护实训系统，对完成的过流保护柜进行通电调试，并能及时处理调试中出现的问题。

　　5. 具有专业知识的综合运用能力和项目计划、实施与评价能力；具备协作、组织与表达能力。

实训设备与工具：

　　继电保护各种元件抽屉模块；供配电系统实训装置、电源总控柜、直流屏控制装置、继电保护校验仪、模拟断路器。线号印字机，剥线钳，尖嘴钳，斜口钳，压接钳，电工刀(剪刀)，万用表，2 米卷尺，4 寸、6 寸、8 寸螺丝刀。导线，线鼻子，异型管，线号笔。

电源总控柜　直流屏控制装置　供配电系统实训装置　固定在柜上的元器件抽屉模块　模拟断路器　继电保护校验仪

## 综合实训 2　高压进线两段过流保护柜装配与调试　评价单

| 姓名 | | 学号 | | 班级 | | 组别 | | 成绩 | |
|---|---|---|---|---|---|---|---|---|---|
| 综合实训 2　高压进线两段过流保护柜装配与调试 | | | | | | 小组自评 | | 教师评价 | |
| 评　分　标　准 | | | | | 配分 | 扣分 | 得分 | 扣分 | 得分 |
| 一、按图接线与知识的运用(20 分) | 1. 识读原理图 | | | | 5 | | | | |
| | 2. 正确使用工具 | | | | 5 | | | | |
| | 3. 利用手册正确查阅器件参数 | | | | 5 | | | | |
| | 4. 识读接线，接线正确 | | | | 5 | | | | |
| | 5. 有虚接、漏接、错接每处扣 2 分 | | | | | | | | |
| | 6. 接线时损坏器件扣 10 分 | | | | | | | | |
| 二、布线工艺(30 分) | 1. 按照技术规范和工艺要求布线，方法正确、合理；会用万用表进行电路的检查，并能够排查故障 | | | | 10 | | | | |
| | 2. 异型管套法正确 | | | | 5 | | | | |
| | 3. 捆扎、行线符合二次工艺要求 | | | | 10 | | | | |
| | 4. 布线美观整齐 | | | | 5 | | | | |
| | 5. 行线不规范，或异型管套法有一处错误，或线号写错一处，或接线有一处接错，扣 3 分 | | | | | | | | |
| 三、调试(20 分) | 1. 会整定动作参数，方法正确 | | | | 6 | | | | |
| | 2. 调试过程中会熟练安装抽屉模块，通电调试线路接线正确 | | | | 6 | | | | |
| | 3. 会调试继电保护校验仪，会使用模拟断路器 | | | | 8 | | | | |
| | 4. 调试过程中不会整定参数，参数配合不合理每项扣 5 分 | | | | | | | | |
| | 5. 调试中，烧坏器件扣 20 分 | | | | | | | | |
| | 6. 不按照要求调试扣 10 分 | | | | | | | | |
| 四、协作组织(10 分) | 1. 小组在装配、布线、调试工作过程中，出全勤，团结协作，制定分工计划，分工明确，积极动手完成任务 | | | | 10 | | | | |
| | 2. 不动手，或迟到早退，或不协作，每有一处，扣 5 分 | | | | | | | | |
| 五、汇报与分析报告(10 分) | 项目完成后，按时交实训总结报告，内容书写完整、认真 | | | | 10 | | | | |
| 六、安全文明意识(10 分) | 1. 不遵守操作规程扣 5 分 | | | | 10 | | | | |
| | 2. 结束不清理现场扣 5 分 | | | | | | | | |
| 总　　分 | | | | | | | | | |

# 综合实训 2    高压进线两段过流保护柜装配与调试    报告单

| 姓名 | | | | | | | 实训学时 | 辅导教师 |
|------|--|--|--|--|--|--|----------|----------|
| 分工<br>任务 | | | | | | | | |
| 工具 | | | | | | | | |
| 测试仪表 | | | | | | | | |
| 调试仪器 | | | | | | | | |

一、高压进线两段过流保护工作原理

二、布线、装配、调试工作流程

三、动作参数整定结果

# 综合实训 2　高压进线两段过流保护柜装配与调试　报告单

四、实训中应注意的问题

五、总结报告

| 装配工作过程问题记录 | | | |
|---|---|---|---|
| | 记录员 | | 完成日期 |

## 综合实训 3 变压器保护柜装配与调试

### 一、项目描述

（1）读懂给定的综图 3-1 双绕组三相变压器接线图、综图 3-2 变压器差动保护柜原理图，根据给定的综图 3-3～综图 3-6 各抽屉模块接线图，能核对实物器件是否与图纸型号、端子号一致，并对实物器件用万用表进行测试、检查。确认完好后，按照给定接线图及继电保护二次接线工艺要求，完成变压器保护柜装配任务的下线、在异型管上写线号、套异型管、接线、行线、捆扎等布线任务。

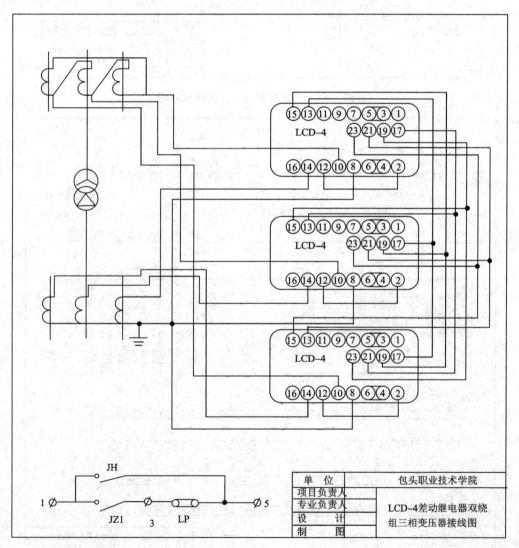

| 单 位 | 包头职业技术学院 |
|---|---|
| 项目负责人 | |
| 专业负责人 | LCD-4差动继电器双绕 |
| 设 计 | 组三相变压器接线图 |
| 制 图 | |

综图 3-1 双绕组三相变压器接线图

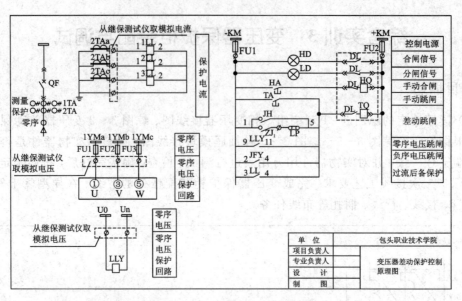

综图 3-2　变压器差动保护控制原理图

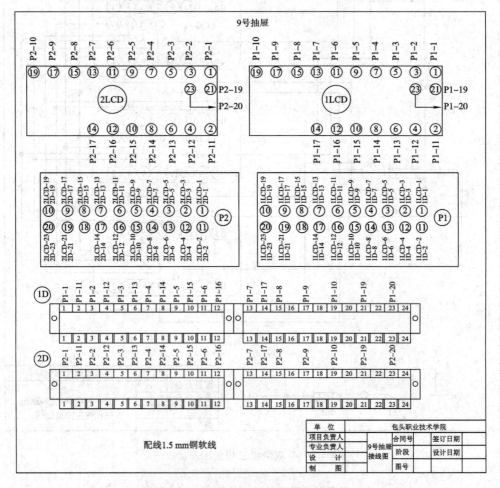

综图 3-3　差动继电器抽屉模块接线图 1

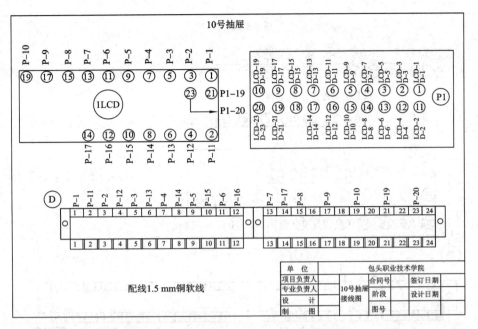

综图 3-4 差动继电器抽屉模块接线图 2

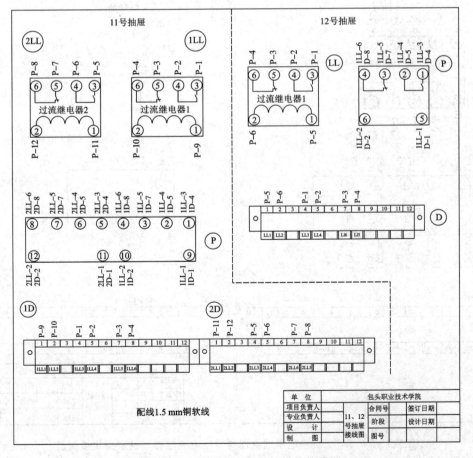

综图 3-5 过流继电器抽屉模块接线图

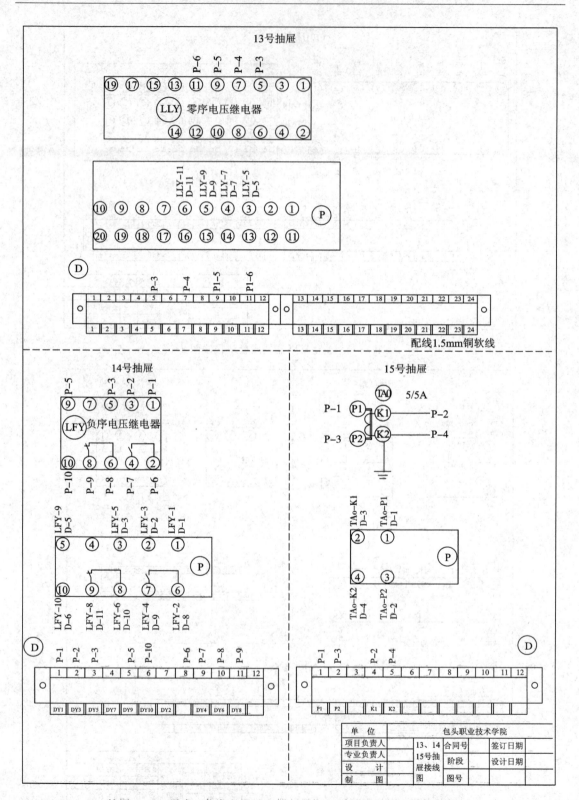

综图 3 - 6　零序、负序电压继电器与零序电流互感器抽屉模块接线图

（2）布线完成后，正确使用万用表（或通断测试灯）进行电路的检查，并排除故障。之后完成小组自查、互查，填写评价单。

（3）在调试之前，进行动作参数整定。将差动继电器的动作电流整定为 10 A，将过电流保护的动作电流整定为 2.1 A，动作时限整定为 10 s；将零序电压继电器的动作电压整定为 30 mV。

（4）动作参数整定完成后，进行通电调试，并记录问题。根据完成的实训项目，写出实训总结报告。

## 二、教学目标

（1）能读识电路原理图与接线图；能够查阅图纸、器件等的相关参数。

（2）能正确使用工具，按照接线图及二次接线工艺要求进行变压器保护柜二次回路的布线、装配工作。

（3）能正确使用万用表，对装配好的线路进行检查，并排查故障。

（4）能正确整定动作参数；能正确使用继电保护校验仪、模拟断路器、继电保护实训系统对装配好的变压器保护柜进行通电调试，并能及时处理调试中出现的问题。

（5）具有专业知识的综合运用及项目的计划、实施与评价能力；具备协作、组织与表达能力。

## 三、学时安排

30 学时（1 周）。

## 四、实训设备及工具

继电保护各种元器件抽屉模块如综图 1-1 所示；供配电系统实训装置、电源总控柜、直流屏控制装置、继电保护校验仪、模拟断路器如综图 1-2 所示。线号印字机，剥线钳，尖嘴钳，斜口钳，压接钳，电工刀（剪刀），万用表，2 米卷尺，4 寸、6 寸、8 寸螺丝刀等工具如综图 1-3 所示。

## 五、教学实施

教学采用理实一体组织实施，学生分为若干小组，同时展开变压器保护柜的装配与调试实训教学过程。

## 六、实训内容

### 1. 变压器保护柜工作原理

电力变压器是供电系统中的重要设备，它的故障对供电的可靠性和用户的生产、生活将产生严重的影响。因此，必须根据变压器的容量和重要程度、故障种类及不正常运行状态，装设必要的保护装置。从综图 3-2 所示变压器保护柜继电保护控制原理图可以看出，其具有纵差保护、零序保护、过流后备保护等多种功能；具有高压三相电流的监测功能；能够切换远方/就地；能进行手动合闸/分闸操作。变压器正常运行时，高压断路器处于合闸状态，HD 灯亮，LD 为分闸指示灯。实训中，我们可以通过模拟断路器上的合闸按钮

HA 和分闸按钮 TA 来实现手动合闸和手动分闸控制。

对于经常过负荷的变压器，还需装设过负荷保护。本实训没有装设过负荷保护。

1) 纵差保护原理分析

当发生变压器绕组和引出线相间短路，中性点直接接地系统发生绕组和引出线单相接地短路，绕组匝间短路等故障时，纵差保护动作使高压断路器跳闸。

LCD-4 型变压器差动继电器（以下简称继电器）为差动保护的核心元件，用于变压器差动保护线路中，作为主保护。差动继电器适用双绕组电力变压器和三绕组电力变压器，实现一侧至四侧制动，能在 20%～50% 变压器额定电流动作。差动继电器由差动元件和瞬动元件两部分构成。差动元件由差动工作回路、谐波制动回路、比率制动回路、直流比较回路组成。当故障发生时，各回路通过直流比较回路后，由继电器发出跳闸命令。差动继电器与变压器回路的接线方式如综图 3-1 所示，其保护范围位于变压器两侧电流互感器之间的区域。

若变压器故障发生在变压器绕组套管出线侧，则故障电流使得差动继电器动作，其常开触点 JH 及 ZJ 闭合（控制电路如综图 3-1、综图 3-2 所示），接通高压断路器的跳闸线圈 TQ，使高压断路器跳闸，保护了变压器。实训中的故障电流引自继电保护校验仪，模拟故障发生时，流入差动继电器的电流。

2) 零序保护原理分析

当变压器中性点直接接地系统发生绕组、引出线和相邻元件的接地短路故障时，零序保护回路动作，使断路器跳闸。

零序保护利用发生单相接地故障时出现的零序量来反映出接地故障。零序量可以采用零序电流量或零序电压量，本实训采用的是零序电压量，由继电保护校验仪取得。变压器正常运行时，零序电压几乎为零或者是一个很小的电压量，不足以使电压继电器 LLY 动作。当变压器发生接地故障时，零序电压变大，使电压继电器 LLY 动作，其常开触点 LLY 闭合，接通高压断路器（实训中为模拟断路器）的跳闸线圈 TQ，使高压断路器跳闸，实现了变压器接地保护，控制电路如综图 3-2 所示。

3) 过流后备保护原理分析

过流后备保护是指发生变压器外部相间短路引起的过电流故障时，延时动作于高压断路器，使其跳闸，作为变压器纵差后备保护。

电流通过电流互感器取得，再通过电流继电器实现高压断路器的跳闸控制，其控制电路如综图 3-2 所示，其连接方式采用三相星形连接。实训中的过流保护的电流取自继电保护校验仪，校验仪的电流分别流入电流继电器 1LL、2LL、3LL 线圈，当电流超过电流继电器整定的动作值时，电流继电器动作，其常开点闭合，经延时后，接通高压断路器的跳闸线圈 TQ，使高压断路器跳闸。

4) 负序电压保护的原理分析

负序电压量取自继电保护校验仪。变压器正常运行时，没有负序量，所以负序电压为零，当发生不对称短路时，会有负序量出现。利用出现的负序电压构成保护，负序电压使得继电器 JFY 动作，其常开点闭合，接通高压断路器的跳闸线圈 TQ，使高压断路器跳闸。

**2. 识读接线图**

1）器件抽屉模块的组成

每一个器件抽屉模块均由三部分组成：第一部分是器件背面端子图；第二部分是可以通过抽屉模块的前面进行接线的插接式、带圆孔的 P 接线板（P 接线板有两排接线端，每一排有 12 个接线端子），可以用于项目训练的快速接线）；第三部分是可以通过抽屉模块的后面进行布线、接线的 D 端子排。P 接线板分为两层插孔式接线端子，每一层的正面图纸从右到左依次排序为 1～12、13～24。D 端子排是由 1D、2D、3D 组成的，每组端子排是由 12 个端子组成的，其正面图纸从左到右依次排序为 1～12。P 接线板是用于连接器件和接线排的中间环节，主要用于项目训练的快速接线，在实际开关柜中是没有此环节的，实际中只有器件背面接线图和 D 端子排。

2）识读接线图的方法

看懂接线图是本实训重点要学会的技能之一。现以综图 3 - 5 过电流继电器抽屉模块接线图（11 号抽屉图）为例，说明如何来读识接线图。

① 按照由左到右、由上向下的顺序先看第一个器件 2LL 过流继电器的端子接线图。如 2LL 过流继电器 2 的 2 号端子标记是"P - 12"，表示连接导线的一端接 2 号端子，另一端接在 P 接线板排列序号为"12"的端子上。同时，在图中 P 接线板的"12 号"也有标记线号"2LL - 2"。

② P 接线板的"12"号端子标记线号为"2D - 2"和"2LL - 2"，表示"12"号端子有两根线，一根线接 2LL 电流继电器的"2"号端子，一根线接 2D 端子排的 2 号接线端。

**3. 变压器保护柜装配、布线、调试流程**

（1）根据图纸，准备布线材料，并核对实物器件型号是否与图纸一致，检查器件是否完好（包括线圈、常开点、常闭点）。

（2）烫印异型套管，可以通过打号机或手写线号来完成。

（3）量线、下线。根据电路接线图，将所有器件上的导线按实际行线途径，确定线长，并留有适当的余量，要求余量比实际行线路径长 300～350 cm，量完线后，所有线整把下料。

（4）套异型管。在下料的每一根导线的两端做上记号，套上写好线号的两个异型管标记头。根据图纸所标线号，将导线两端套上异型塑料管，异型塑料管在线路中应置入水平位置或垂直位置。写线号顺序应从左到右，从下到上，如综图 1 - 8 所示。

（5）接线、捆扎、整理。布线时，一般按照自上而下、从左到右的顺序逐个接入各电器接点，每接完一个部件后，按照导线去向捆扎好，并在敷设过程中及时分出和补入需增加的连接电器的导线，逐渐形成总体线束与分支线束。线束敷设途中，如遇金属障碍物，则应以弯曲形式越过，中间至少应留出 3～5 mm 间距。线束要用绝缘线夹固定在骨架上，两固定点之间的距离，横向不得超过 300 mm，纵向不得超过 400 mm。布线时，要横平竖直，层次分明，回路清晰，美观大方，不能遮盖元件代号，以便施工和维修。

（6）检查线路。布线完成后，用万用表（或用通断测试灯）按照接线图检查线路。将数字万用表打到"通/断蜂鸣"挡位。检查线路的方法是：

先测试器件端子到 P 接线板的接线。如测试 11 号抽屉图的 2LL 过流继电器的 2 号端子标记是"P - 12"。将万用表的一支表笔放置在 2LL 电流继电器的 2 号端子上，另一支表笔放置在导线去向 P 接线板的"12"号端子上，若数字万用表蜂鸣，说明线路接对、接通了。

再接着测试 P 接线板到 D 端子排的接线。如 P 接线板的"12"号端子标记线号为"2D-2"和"2LL-2"。将万用表的一支表笔放置在 P 接线板的"12"号端子上，另一支表笔放置在导线去向 2D 端子排的"2"号端子上，若数字万用表蜂鸣，说明线路接对、接通了。

学会检查方法后，学生按小组先自查，并填写自查评价单。完成自查后，小组之间再交换检查，并记录问题，没问题后，可以通电调试。

通过上面的学习，可以将检查线路的方法归纳为两条：先依次测试每一个器件的每一个端子到 P 接线板的接线；再测试 P 接线板到 D 端子排的接线，用万用表进行点对点线路检查。

（7）动作参数的整定。将布好线、检查没问题的器件抽屉模块的差动继电器的动作电流整定为 10 A，将过电流保护的动作电流整定为 2.1 A，动作时限整定为 10 s；将零序电压继电器的动作电压整定为 30 mV。

（8）调试。将布好线的各种器件抽屉模块，按照综图 3-2 所示原理图进行组合，并安装、固定在供配电系统实训装置上。按照综图 3-2 所示进行接线、调试。可以通过由抽屉模块组合成的开关柜的前面板 P 接线板插孔进行接线，也可以通过后面板 D 端子排上的端子进行接线。教学中我们采用前一种接线、调试方法。

调试时，按照先连接直流控制电路，后连接交流电路的方法进行。直流控制电路的电源为直流 220 V，直流控制电源的正极用红色导线连接，负极用黑色导线连接，中间环节连接线可选用其他颜色。交流电路按照 A、B、C 三相，用黄、绿、红导线进行连接。高压断路器用模拟断路器来替代，模拟断路器有合闸插孔、分闸插孔及合闸、分闸指示灯。电流互感器的二次电流由继电保护校验仪 IA-IAN、IB-IBN、IC-ICN 来模拟给定 A 相、B 相、C 相电流；电压互感器的二次电压由继电保护校验仪 UA、UB、UC 来模拟给定 A 相、B 相、C 相电压。调试时，一定要缓慢调节继电保护校验仪的电流旋钮和电压旋钮，使电流、电压由零逐渐增大，并观察电流或电压显示器，直到模拟断路器动作，合闸指示灯灭，分闸指示灯亮，即达到动作电流值或动作电压值，记录电流显示器或电压显示器的实际示值，与事先的整定参数值进行比较。调试完成后，再将继电保护校验仪电流或电压旋钮旋到零，之后断电。

调试的接线图可以按照综图 3-2 进行。下面列出几种调试接线图，供调试中参考。CSB 模拟断路器调试接线图及变压器差动保护调试接线图分别如综图 3-7、综图 3-8 所示。

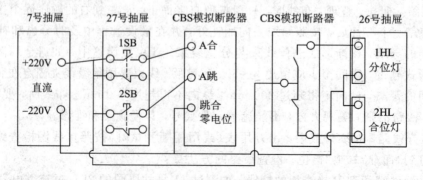

综图 3-7　CSB 模拟断路器调试接线图

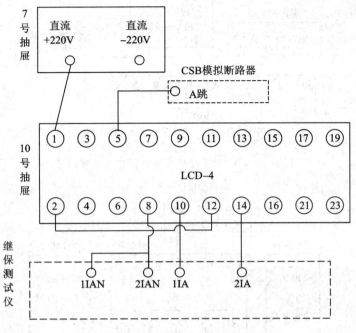

综图 3-8　变压器差动保护调试接线图

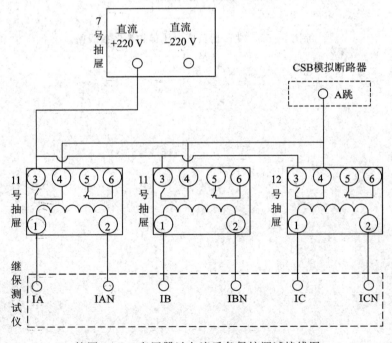

综图 3-9　变压器过电流后备保护调试接线图

变压器过电流后备保护调试接线图、零序电压保护调试接线图及负序电压保护调试接线图分别如综图 3-9、综图 3-10、综图 3-11 所示。

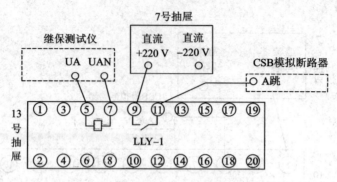

综图 3-10　变压器零序电压保护调试接线图

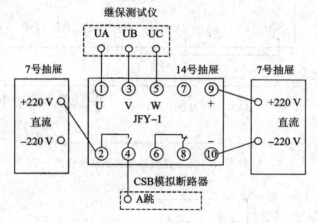

综图 3-11　变压器负序电压保护调试接线图

# 综合实训3　变压器保护柜装配与调试　任务单

| 综合实训 3 变压器保护柜装配与调试 | | 姓名 | 学号 | 班级 | 组别 | 实训时间 |
|---|---|---|---|---|---|---|
| 实训学时 | 30 学时 | 辅导教师 | | | | |

项目描述：

1. 读懂给定的综图 3-1、综图 3-2 变压器保护柜原理图，根据给定的综图 3-3～综图 3-6 所示变压器保护柜接线图，能核对实物器件是否与图纸型号、端子号一致，并对实物器件用万用表进行测试、检查。确认完好后，按照给定接线图及继电保护二次接线工艺要求，完成变压器保护柜装配任务的下线、在异型管上写线号、套异型管、接线、行线、捆扎等布线任务。

2. 布线完成后，正确使用万用表（或通断测试灯）进行电路的检查，并排除故障。并完成小组自查、互查，填写评价单。

3. 在调试之前，进行动作参数整定。将差动继电器的动作电流整定为 10 A，将过电流保护的动作电流整定为 2.1 A，动作时限整定为 10 s；将零序电压继电器的动作电压整定为 30 mV。

4. 动作参数整定完成后，进行通电调试，并记录问题。根据完成的实训项目，写出实训总结报告。

教学目标：

1. 能识读电路原理图与接线图；能够查阅图纸、器件等的相关参数。

2. 能正确使用工具，按照接线图及二次接线工艺要求进行变压器保护柜二次回路的布线、装配工作。

3. 能正确使用万用表，对装配好的线路进行检查，并排查故障。

4. 能正确整定动作参数；能正确使用继电保护校验仪、模拟断路器、继电保护实训系统，对装配好的变压器保护柜进行通电调试，并能及时处理调试中出现的问题。

5. 具有专业知识的综合运用能力和项目计划、实施与评价能力；具备协作、组织与表达能力。

实训设备与工具：

继电保护各种元件抽屉模块；供配电系统实训装置、电源总控柜、直流屏控制装置、继电保护校验仪、模拟断路器。线号印字机、剥线钳，尖嘴钳，斜口钳，压接钳，电工刀（剪刀），万用表，2 米卷尺，4寸、6 寸、8 寸螺丝刀等工具。

电源总控拒　直流屏控　供配电系统　固定在柜上
制装置　　实训装置　的元器件抽
屉模块

模拟
断路器
继电保护
校验仪

# 综合实训 3　变压器保护柜装配与调试　评价单

| 姓名 | | 学号 | | 班级 | | 组别 | | 成绩 | |
|---|---|---|---|---|---|---|---|---|---|
| 综合实训 3　变压器保护柜装配与调试 | | | | | | 小组自评 | | 教师评价 | |
| 评　分　标　准 | | | | | 配分 | 扣分 | 得分 | 扣分 | 得分 |
| 一、按图接线与知识的运用（20分） | 1. 识读原理图 | | | | 5 | | | | |
| | 2. 正确使用工具 | | | | 5 | | | | |
| | 3. 利用手册正确查阅器件参数 | | | | 5 | | | | |
| | 4. 识读接线，接线正确 | | | | 5 | | | | |
| | 5. 有虚接、漏接、错接每处扣 2 分 | | | | | | | | |
| | 6. 接线时损坏器件扣 10 分 | | | | | | | | |
| 二、布线工艺（30分） | 1. 按照技术规范和工艺要求布线，方法正确、合理；会用万用表进行电路的检查，并能够排查故障 | | | | 10 | | | | |
| | 2. 异型管套法正确 | | | | 5 | | | | |
| | 3. 捆扎、行线符合二次工艺要求 | | | | 10 | | | | |
| | 4. 布线美观整齐 | | | | 5 | | | | |
| | 5. 行线不规范，或异型管套法有一处错误，或线号写错一处，或接线有一处接错，扣 3 分 | | | | | | | | |
| 三、调试(20分) | 1. 会整定动作参数，方法正确 | | | | 6 | | | | |
| | 2. 调试过程中会熟练安装抽屉模块，通电调试，线路接线正确 | | | | 6 | | | | |
| | 3. 会调试继电保护校验仪，会使用模拟断路器 | | | | 8 | | | | |
| | 4. 调试过程中不会整定参数，参数配合不合理每项扣 5 分 | | | | | | | | |
| | 5. 调试中，烧坏器件扣 20 分 | | | | | | | | |
| | 6. 不按照要求调试扣 10 分 | | | | | | | | |
| 四、协作组织（10分） | 1. 小组在装配、布线、调试工作过程中，出全勤，团结协作，制定分工计划，分工明确，积极动手完成任务 | | | | 10 | | | | |
| | 2. 不动手，或迟到早退，或不协作，每有一处，扣 5 分 | | | | | | | | |
| 五、汇报与分析报告(10分) | 项目完成后，按时交实训总结报告，内容书写完整、认真 | | | | 10 | | | | |
| 六、安全文明意识(10分) | 1. 不遵守操作规程扣 5 分 | | | | 10 | | | | |
| | 2. 结束不清理现场扣 5 分 | | | | | | | | |
| 总　　分 | | | | | | | | | |

# 综合实训 3 变压器保护柜装配与调试 报告单

| 姓名 | | | | | | 实训学时 | 辅导教师 |
|---|---|---|---|---|---|---|---|
| 分工<br>任务 | | | | | | | |
| 工具 | | | | | | | |
| 测试仪表 | | | | | | | |
| 调试仪器 | | | | | | | |

一、看图简述变压器保护柜具有几种保护功能及原理分析

二、布线、装配、调试工作流程

三、动作参数整定结果

## 综合实训 3　变压器保护柜装配与调试　报告单

四、实训中应注意的问题

五、总结报告

| 装配工作过程<br>问题记录 | | |
| --- | --- | --- |
| | | |
| 记录员 | | 完成日期 | |

# 综合实训4 高压电动机保护柜装配与调试

## 一、项目描述

（1）读懂给定的综图4-1高压电动机保护柜原理图，根据给定的综图4-2、综图4-3所示高压电动机柜接线图，能核对实物器件是否与图纸型号、端子号一致，并对实物器件用万用表进行测试、检查。确认完好后，按照给定接线图及继电保护二次接线工艺要求，完成电动机保护柜装配任务的下线、在异型管上写线号、套异型管、接线、行线、捆扎等布线任务。

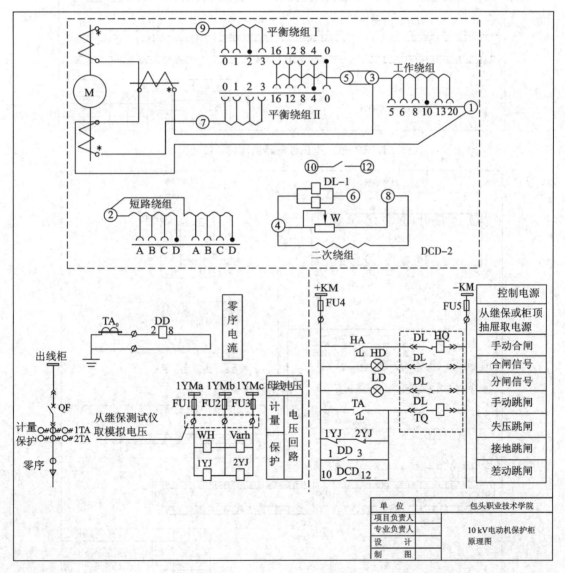

综图4-1 高压电动机保护柜原理图

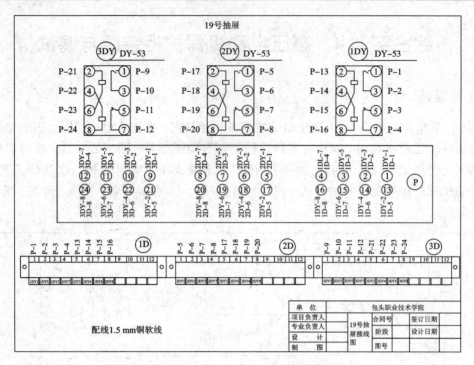

综图 4-2　电压继电器抽屉模块接线图

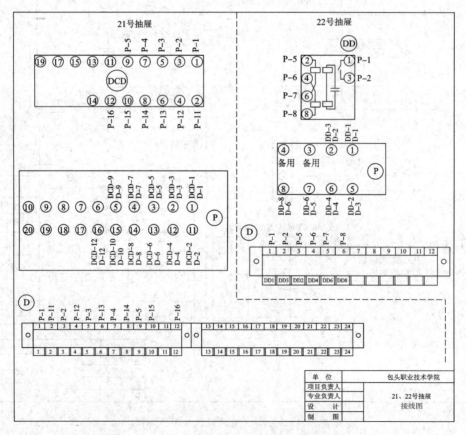

综图 4-3　差动继电器、接地继电器抽屉模块接线图

（2）布线完成后，正确使用万用表（或通断测试灯）进行电路的检查，排除故障。并完成小组自查、互查，填写评价单。

（3）在调试之前，进行动作参数的整定。将差动继电器的动作电流整定为 10 A，将欠电压保护的动作电压整定为 70 V，将零序电流继电器的动作电流整定为 30 mA。

（4）继电保护动作参数整定完成后，根据给定的图纸进行装配，通电调试，并记录问题。

（5）根据完成的实训项目，写出实训总结报告。

## 二、教学目标

（1）能读识电路原理图与接线图；能够查阅图纸、器件等的相关参数。

（2）能正确使用工具，按照接线图及二次接线工艺要求进行高压电动机保护柜二次回路的布线、装配工作。

（3）能正确使用万用表，对装配好的线路进行检查，并排查故障。

（4）能正确整定动作参数；能正确使用继电保护校验仪、模拟断路器、继电保护实训系统对装配好的电动机保护柜进行通电调试，并能及时处理调试中出现的问题。

（5）具有专业知识的综合运用及项目的计划、实施与评价能力；具备协作、组织与表达能力。

## 三、学时安排

30 学时（1 周）。

## 四、实训设备及工具

继电保护各种元器件抽屉模块如综图 1-1 所示；供配电系统实训装置、电源总控柜、直流屏控制装置、继电保护校验仪、模拟断路器如综图 1-2 所示。线号印字机，剥线钳，尖嘴钳，斜口钳，压接钳，电工刀（剪刀），万用表，2 米卷尺，4 寸、6 寸、8 寸螺丝刀等工具如综图 1-3 所示。

## 五、教学实施

教学采用理实一体组织实施，学生分为若干小组，同时展开高压电动机保护柜的装配与调试实训教学过程。

## 六、实训内容

### 1. 高压电动机保护柜工作原理

对于可能发生的故障及不正常运行状态的高压电动机需要装设对应的继电保护装置。高压电动机常见的故障主要有定子绕组的相间短路、匝间短路、单相接地和引出线相间短路。高压电动机不正常的工作状态主要有长时间的过负荷、三相电流严重不平衡、运行过程中发生两相运行、供电电压过低、堵转等。根据上述运行情况，决定了高压电动机应装设差动保护、失压（欠电压）保护和接地保护装置，电动机保护动作于高压断路器跳闸。从综图 4-1 所示电动机保护柜控制原理图可以看出，其具有差动保护、接地保护、失压（欠压)保护等多种功能，还能手动合闸/分闸操作。电动机正常运行时，高压断路器处于合闸状态，HD 灯亮，LD 为分闸指示灯。实训中，我们可以通过模拟断路器上的合闸按钮 HA 和分闸按钮 TA 来实现手动合闸和手动分闸控制。

1）高压电动机差动保护原理

DCD-2 型差动继电器用于高压电动机或两绕组或三绕组电力变压器的差动保护线路中，当保护区发生短路时，差动继电器能迅速动作，切除故障，差动保护作为主保护。差动保护反应于高压电动机绕组和引出线相间短路故障，保护动作于高压断路器跳闸。

DCD-2 型差动继电器是由具有一副动合触点的电磁型执行机构和中间速饱和变流器组成的。中间速饱和变流器具有短路绕组和平衡绕组，它构成差动继电器一些主要技术性能，如直流偏磁特性、消除不平衡电流的自耦变流器性能等。变流器的导磁体是一个三柱形铁芯，用几组"山"形导磁片叠装而成，在导磁体的中柱上放置工作绕组，平衡绕组Ⅰ、Ⅱ和短路绕组，此短路绕组和右侧边柱上的短路绕组通过一瓷盘电阻器相连接，二次绕组放在导磁体的左侧边柱上，绕组在导磁体上的分布如综图 4-4 所示。

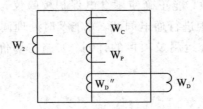

W_C—工作绕组；W_P—平衡绕组；
W_2—二次绕组；W_D′、W_D″—短路绕组
综图 4-4　绕组在导磁体的分布

DCD-2 型差动继电器内部接线及保护高压电动机原理接线如综图 4-5 所示。由于具有平衡绕组，每隔一匝有一抽头，以便调整，用以消除由于电流互感器变比不一致等原因所引起的不平衡电流的效应，具有两个平衡绕组就使得差动继电器可以用于保护三绕组电力变压器，保护三绕组电力变压器原理接线如综图 4-6 所示。

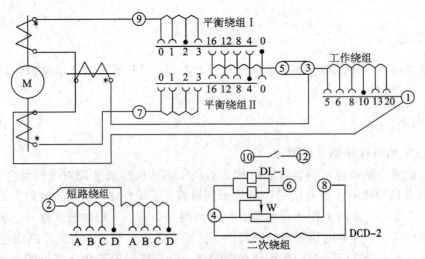

综图 4-5　DCD-2 差动继电器内部接线及保护高压电动机原理接线图

工作绕组、平衡绕组和短路绕组均有抽头，可以满足多种整定值的要求，差动继电器整定板上的数字即表示相应的绕组匝数，当改变整定板上整定螺钉所在孔的位置时，就可以使动作电流、平衡作用和直流偏磁特性在宽广的范围内进行整定。差动继电器采用插入式结构，便于使用和维护。为了便于对执行元件进行单独校验调整和满足试验变流器特性的需要，执行元件的线圈与变流器的二次绕组，平衡绕组与工作绕组是通过接线端子上的连接板进行相互连接的，在调整试验时，可以接通和断开相应的电路。

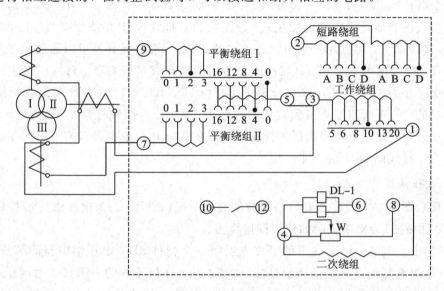

综图 4 - 6　DCD - 2 差动继电器内部接线及保护三绕组电力变压器原理接线图

实训中故障电流引自继电保护校验仪。通过继电保护校验仪给定故障电流，使 DCD - 2 型差动继电器动作，其常开触点(10—12)闭合，接通高压断路器(实训为模拟断路器)的跳闸线圈 TQ，使高压断路器(或模拟断路器)跳闸，差动保护控制电路原理如综图 4 - 1 所示。

2）接地故障零序保护原理

零序保护是当电力系统中发生接地故障时产生不平衡电流，使零序电流继电器动作而实现的一种保护。实训时，故障时产生的零序电流是通过继电保护校验仪取得的。当高压电动机没有接地故障，正常运行时，零序电流很小，不足以使零序电流继电器 DD 动作。当高压电动机发生接地故障时，零序电流互感器出现一个不平衡电流，使得零序电流继电器 DD 动作，DD 常开触点(1—3)闭合，接通高压断路器(实训中为模拟断路器)的跳闸线圈 TQ，使高压断路器(模拟断路器)跳闸，实现高压电动机的接地保护，其控制电路如综图 4 - 1 所示。

3）欠电压保护原理

欠电压保护是当电压下降到额定电压的 70％时，延时 0.5 s 使高压断路器跳闸；当电压下降到额定电压的 50％时，延时 0.9 s 使重要负荷高压断路器跳闸；当电压下降到额定电压的 25％时，延时 0 s 使工作电源进线高压断路器跳闸，并投备用电源。

实训中，电压量取自继电保护校验仪，欠电压保护控制原理如综图 4 - 1 电压回路单元所示。当高压电动机正常运行时，电压一般为额定电压，当电压下降到额定电压的 70% 时，欠电压使得电压继电器 1YJ、2YJ 动作，其常闭触点恢复常闭，接通高压断路器（实训中为模拟断路器）的跳闸线圈 TQ，使高压断路器（实训中为模拟断路器）跳闸，实现欠电压保护。

**2. 识读接线图**

1）器件抽屉模块组成

每一个器件抽屉模块均由三部分组成：第一部分是器件背面端子图；第二部分是可以通过抽屉模块的前面进行接线的插接式、带圆孔的 P 接线板（P 接线板有两排接线端，每一排有 12 个接线端子，可以用于项目训练的快速接线）；第三部分是可以通过抽屉模块的后面进行布线、接线的 D 端子排。P 接线板分为两层插孔式接线端子，每一层由正面图纸从右到左依次排序为 1~12、13~24。D 端子排是由 1D、2D、3D 组成的，每组端子排是由 12 个端子组成的，其正面图纸从左到右依次排序为 1~12。P 接线板是用于连接器件和接线排的中间环节，主要用于项目训练的快速接线，在实际开关柜中是没有此环节的，实际中只有器件背面接线图和 D 端子排。

2）识读接线图的方法

看懂接线图是本实训重点要学会的技能之一。现以综图 4-2 电压继电器抽屉模块接线图（19 号抽屉图）为例来说明如何识读接线图。

① 按照由左到右、由上向下的顺序先看第一个器件 3DY 电压继电器的端子接线图。如 3DY 电压继电器的 2 号端子标记是"P-21"，表示连接导线的一端接 2 号端子，另一端接在 P 接线板排列序号为"21"的端子上。同时，在图中 P 接线板的"21 号"也有标记线号"3DY-2"。

② 接着再看 P 接线板的"21"号端子。P 接线板的"21"号端子标记线号为"3D-5"和"3DY-2"，表示"21"号端子有两根线，一根线接 3DY 电压继电器的"2"号端子，一根线接 D 端子排，排序为"3D"的 5 号接线端。

**3. 高压电动机保护柜的装配、布线、调试流程**

（1）根据图纸，准备布线材料，并核对实物器件型号是否与图纸一致，检查器件是否完好（包括线圈、常开点、常闭点）。

（2）烫印异型套管，可以通过打号机或手写线号来完成。

（3）量线、下线。根据电路接线图，将所有器件上的导线按实际行线途径，确定线长，并留有适当的余量。要求余量比实际行线路径长 300~350 cm。量完线后，所有线整把下料。

（4）套异型管。在下料的每一根导线的两端做上记号，套上写好线号的两个异型管标记头。根据图纸所标线号，将导线两端套上异型塑料管，异型塑料管在线路中应置入水平位置或垂直位置，写线号顺序应从左到右，从下到上，如综图 1-8 所示写线号顺序图。

（5）接线、捆扎、整理。布线时，一般按照自上而下、从左到右的顺序逐个接入各电器接点，每接完一个部件后，按照导线去向捆扎好，并在敷设过程中，及时分出和补入需增加的连接电器的导线，逐渐形成总体线束与分支线束。线束敷设途中，如遇金属障碍物，则应以弯曲形式越过，中间至少应留出 3~5 mm 间距。线束要用绝缘线夹固定在骨架上，两固定点之间的距离，横向不得超过 300 mm，纵向不得超过 400 mm。布线时，要横平竖直，层次分明，回路清晰，美观大方，不能遮盖元件代号，以便施工和维修。

（6）检查线路。布线完成后，用万用表（或用通断测试灯）按照接线图检查线路。将数字万用表打到"通/断蜂鸣"挡位。检查线路的方法是：

先测试器件端子到 P 接线板的接线。如测试 19 号抽屉图的 3DY 电压继电器的 2 号端子标记是"P-21"。将万用表的一支表笔放置在 3DY 电压继电器的 2 号端子上，另一支表笔放置在导线去向 P 接线板的"21"号端子上，若数字万用表蜂鸣，说明线路接对了。

再接着测试 P 接线板到 D 端子排的接线。如 P 接线板的"21"号端子标记线号为"3D-5"和"3DY-2"。将万用表的一支表笔放置在 P 接线板的"21"号端子上，另一支表笔放置在导线去向 D 端子排的 3D 端子排的"5"号端子上，若数字万用表蜂鸣，说明线路接对了。由于另一根导线去向为"3DY-2"，在上面已经测试过了，所以不用再测。

学会检查方法后，学生按小组先自查，并填写自查评价单。完成自查后，小组之间再交换检查，并记录问题，没问题后，可以通电调试。

（7）保护动作参数的整定。将布好线，检查没问题的器件抽屉模块中的差动继电器的动作电流整定为 10 A，将零序电流保护的动作电流整定为 30 mA；将欠电压继电器的动作电压整定为 70 V。

（8）调试。将布好线的各种器件抽屉模块，按照综图 4-1 所示原理图进行组合，安装、固定在供配电系统实训装置上，并进行接线、调试。可以通过由抽屉模块组合成的开关柜的前面板 P 接线板插孔进行接线，也可以通过后面板 D 端子排上的端子进行接线。教学中我们采用前一种接线、调试方法。

先连接直流二次控制电路，后连接交流主电路。方法同前一个项目。调试时，一定要缓慢调节继电保护校验仪的电流旋钮和电压旋钮，使电流、电压由零逐渐增大，并观察电流或电压显示器，直到模拟断路器动作，合闸指示灯灭，分闸指示灯亮，同时即达到动作电流值，或动作电压值，并记录电流显示器或电压显示器的实际示值，与事先整定参数值进行比较。调试完成后，再将继电保护校验仪电流或电压旋钮旋到零，之后断电。

调试的接线图可以按照综图 4-10 进行。下面列出几种调试接线图，供调试中参考。CSB 模拟断路器调试接线图、差动保护电路的调试接线图分别如综图 4-7～综图 4-10 所示。

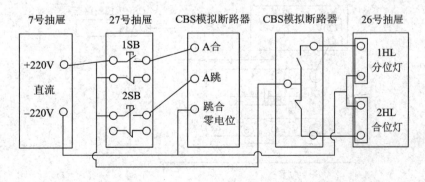

CSB 模拟断路器电动分合图

综图 4-7　高压电动机保护调试接线图 1

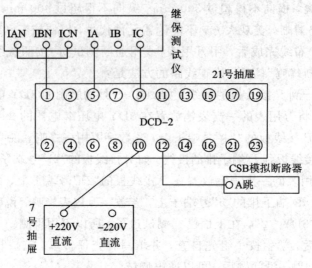

综图 4-8　高压电动机保护接线图 2

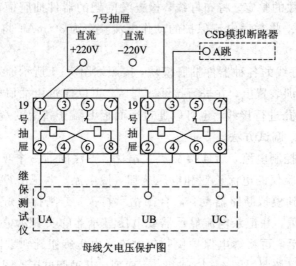

母线欠电压保护图

综图 4-9　高压电动机保护接线图 3

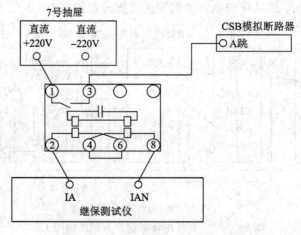

综图 4-10　高压电动机保护接线图 4

# 综合实训 4　高压电动机保护柜装配与调试　任务单

| 综合实训 4<br>高压电动机保护柜装配与调试 | | 姓名 | 学号 | 班级 | 组别 | 实训时间 |
|---|---|---|---|---|---|---|
| | | | | | | |
| 实训<br>学时 | 30 学时 | 辅导<br>教师 | | | | |

**项目描述：**

1. 读懂给定的综图 4-1 高压电动机保护柜原理图，根据给定的综图 4-2、4-3 所示高压电机柜接线图，能核对实物器件是否与图纸型号、端子号一致，并对实物器件用万用表进行测试、检查。确认完好后，按照给定接线图及继电保护二次接线工艺要求，完成电动机保护柜装配任务的下线、在异型管上写线号、套异型管、接线、行线、捆扎等布线任务。

2. 布线完成后，正确使用万用表（或通断测试灯）进行电路的检查，排除故障。并完成小组自查、互查，填写评价单。

3. 在调试之前，进行动作参数的整定。将差动继电器的动作电流整定为 10 A，将欠电压保护的动作电压整定为 70 V，将零序电流继电器的动作电流整定为 30 mA。

4. 继电保护动作参数整定完成后，根据给定的图纸进行装配，通电调试，并记录问题。

5. 根据完成的实训项目，写出实训总结报告。

**教学目标：**

1. 能识读电路原理图与接线图；能够查阅图纸、器件等的相关参数。

2. 能正确使用工具，按照接线图及二次接线工艺要求进行电动机保护柜二次回路的布线、装配工作。

3. 能正确使用万用表，对装配好的线路进行检查，并排查故障。

4. 能正确整定动作参数；能正确使用继电保护校验仪、模拟断路器、继电保护实训系统，对装配好的电动机保护柜进行通电调试，并能及时处理调试中出现的问题。

5. 具有专业知识的综合运用能力和项目计划、实施与评价能力；具备协作、组织与表达能力。

**实训设备与工具：**

继电保护各种元器件抽屉模块；供配电系统实训装置、电源总控柜、直流屏控制装置、继电保护校验仪、模拟断路器。线号印字机，剥线钳，尖嘴钳，斜口钳，压接钳，电工刀（剪刀），万用表，2 米卷尺，4 寸、6 寸、8 寸螺丝刀等。

电源总控拒　直流屏控　供配电系统　固定在柜上　模拟
　　　　　制装置　实训装置　的元器件抽　断路器
　　　　　　　　　　　　　　屉模块　　继电保护
　　　　　　　　　　　　　　　　　　　校验仪

# 综合实训4　高压电动机保护柜装配与调试　评价单

| 姓名 | | 学号 | | 班级 | | 组别 | | 成绩 | | |
|---|---|---|---|---|---|---|---|---|---|---|
| 综合实训4　高压电动机保护柜装配与调试 | | | | | | | 小组自评 | | 教师评价 | |
| 评　分　标　准 | | | | | 配分 | 扣分 | 得分 | 扣分 | 得分 | |
| 一、按图接线与知识的运用（20分） | 1. 识读原理图 | | | | 5 | | | | | |
| | 2. 正确使用工具 | | | | 5 | | | | | |
| | 3. 利用手册正确查阅器件参数 | | | | 5 | | | | | |
| | 4. 识读接线，接线正确 | | | | 5 | | | | | |
| | 5. 有虚接、漏接、错接每处扣2分 | | | | | | | | | |
| | 6. 接线时损坏器件扣10分 | | | | | | | | | |
| 二、布线工艺（30分） | 1. 按照技术规范和工艺要求布线，方法正确、合理；会用万用表进行电路的检查，并能够排查故障 | | | | 10 | | | | | |
| | 2. 异型管套法正确 | | | | 5 | | | | | |
| | 3. 捆扎、行线符合二次工艺要求 | | | | 10 | | | | | |
| | 4. 布线美观整齐 | | | | 5 | | | | | |
| | 5. 行线不规范，或异型管套法有一处错误，或线号写错一处，或接线有一处接错，扣3分 | | | | | | | | | |
| 三、调试(20分) | 1. 会动作参数整定，方法正确 | | | | 6 | | | | | |
| | 2. 调试过程熟练安装抽屉模块，通电调试线路接线正确 | | | | 6 | | | | | |
| | 3. 会调试继电保护校验仪，会使用模拟断路器 | | | | 8 | | | | | |
| | 4. 调试过程中不会整定参数，参数配合不合理每项扣5分 | | | | | | | | | |
| | 5. 调试中，烧坏器件扣20分 | | | | | | | | | |
| | 6. 不按照要求调试扣10分 | | | | | | | | | |
| 四、协作组织（10分） | 1. 小组在装配、布线、调试工作过程中，出全勤，团结协作，制定分工计划，分工明确，积极动手完成任务 | | | | 10 | | | | | |
| | 2. 不动手，或迟到早退，或不协作，每有一处，扣5分 | | | | | | | | | |
| 五、汇报与分析报告(10分) | 项目完成后，按时交实训总结报告，内容书写完整、认真 | | | | 10 | | | | | |
| 六、安全文明意识(10分) | 1. 不遵守操作规程扣5分 | | | | 10 | | | | | |
| | 2. 结束不清理现场扣5分 | | | | | | | | | |
| 总　　　分 | | | | | | | | | | |

# 综合实训 4 高压电动机保护柜装配与调试 报告单

| 姓名 | | | | | | | 实训学时 | 辅导教师 |
|------|---|---|---|---|---|---|----------|----------|
| 分工<br>任务 | | | | | | | | |
| 工具 | | | | | | | | |
| 测试仪表 | | | | | | | | |
| 调试仪器 | | | | | | | | |

一、看图简述高压电动机保护柜具有几种保护功能，并简述原理

二、布线、装配、调试工作流程

三、动作参数整定结果

## 综合实训 4　高压电动机保护柜装配与调试　报告单

四、实训中应注意的问题

五、总结报告

| 装配工作过程问题记录 | | | |
|---|---|---|---|
| | | | |
| | 记录员 | | 完成日期 | |

# 综合实训 5 PT 柜装配与调试

## 一、项目描述

(1) 读懂给定的综图 5-1 所示的 PT 柜控制原理图。根据给定的综图 5-2、综图 5-3、综图 5-4 所示配电柜抽屉接线图，能核对实物器件是否与图纸型号、端子号一致，并对实物器件用万用表进行测试、检查。确认完好后，按照给定接线图及继电保护二次接线工艺要求，完成开关柜装配任务的下线、在异型管上写线号、套异型管、接线、行线、捆扎等布线任务。

(2) 布线完成后，正确使用万用表（或用通断测试灯）进行电路的检查，并排除故障。之后完成小组自查、互查，填写评价单。

(3) 在调试之前，进行动作参数整定。将电压继电器的动作电压整定为 90 V。根据综图 5-1 完成装配后，进行通电调试，并记录问题。

(4) 根据完成的实训项目，写出实训总结报告。

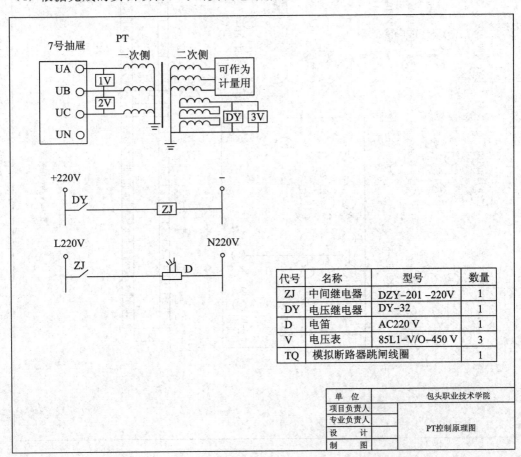

| 代号 | 名称 | 型号 | 数量 |
|---|---|---|---|
| ZJ | 中间继电器 | DZY-201-220V | 1 |
| DY | 电压继电器 | DY-32 | 1 |
| D | 电笛 | AC220 V | 1 |
| V | 电压表 | 85L1-V/O-450 V | 3 |
| TQ | 模拟断路器跳闸线圈 | | 1 |

| 单 位 | 包头职业技术学院 |
|---|---|
| 项目负责人 | |
| 专业负责人 | PT控制原理图 |
| 设 计 | |
| 制 图 | |

综图 5-1 PT 柜绝缘监测电路继电保护电气控制原理图

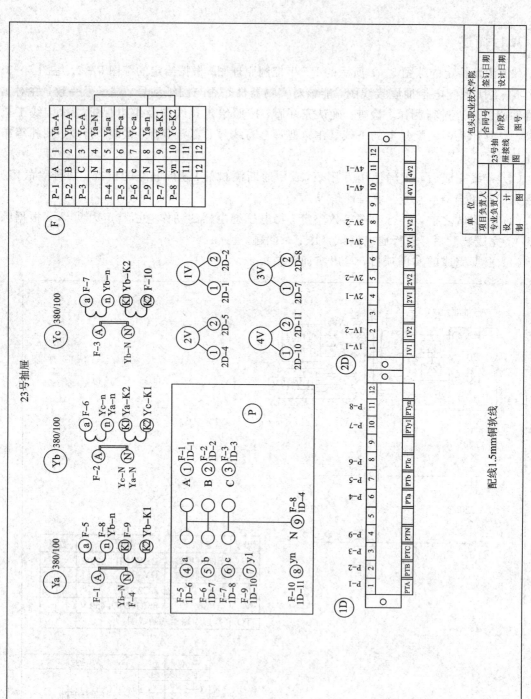

综图5-2 23号抽屉模块接线图

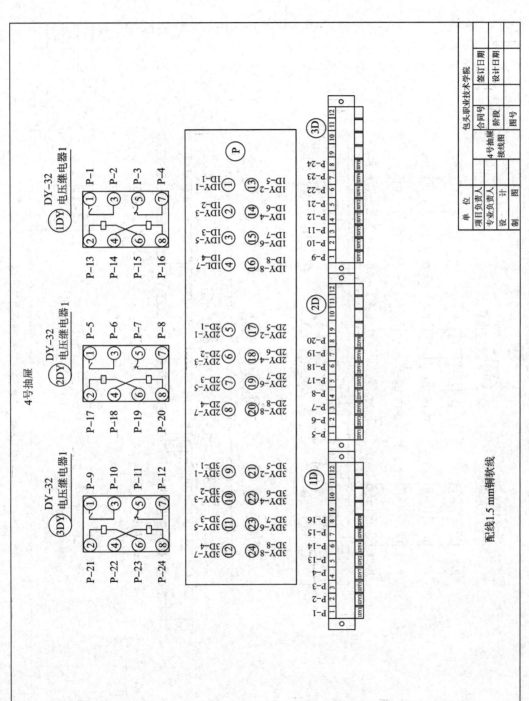

综图5-3 电压继电器抽屉模块接线图

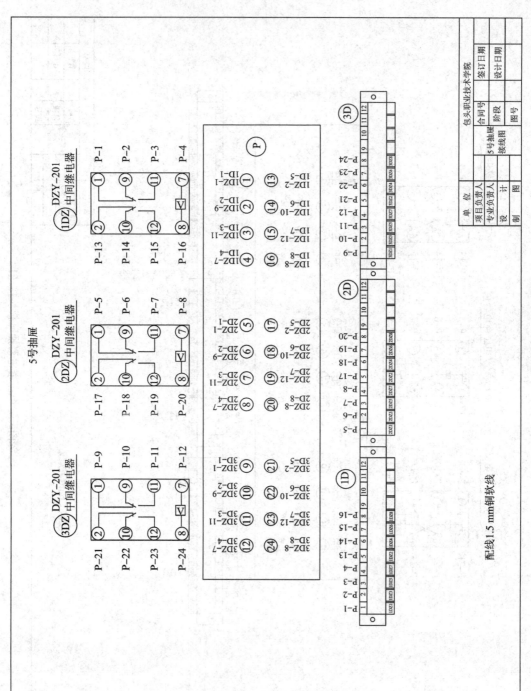

综图5-4　中间继电器抽屉模块接线图

## 二、教学目标

（1）能读识电路原理图与接线图；能够查阅图纸、器件等的相关参数。

（2）能正确使用工具，按照接线图及二次接线工艺要求进行 PT 柜二次回路的布线、装配工作。

（3）能正确使用万用表，对装配好的线路进行检查，并排查故障。

（4）能正确整定动作参数；能正确使用继电保护校验仪、模拟断路器、继电保护实训系统对装配好的 PT 柜进行通电调试，并能及时处理调试中出现的问题。

（5）具有专业知识的综合运用及项目的计划、实施与评价能力；具备协作、组织与表达能力。

## 三、学时安排

30 学时（1 周）。

## 四、实训设备及工具

继电保护各种元器件抽屉模块如综图 1-1 所示；供配电系统实训装置、电源总控柜、直流屏控制装置、继电保护校验仪、模拟断路器如综图 1-2 所示。线号印字机，剥线钳，尖嘴钳，斜口钳，压接钳，电工刀（剪刀），万用表，2 米卷尺，4 寸、6 寸、8 寸螺丝刀等工具如综图 1-3 所示。

## 五、教学实施

教学采用理实一体组织实施，学生分为若干小组，同时展开 PT 柜的装配与调试实训教学过程。

## 六、实训内容

### 1．PT 柜的工作原理

PT 柜即电压互感器柜，一般是直接装设到母线上，用来检测母线电压和实现保护功能。内部主要安装电压互感器 PT、隔离刀、熔断器和避雷器等器件。

PT 柜的作用：

（1）测量电压，提供含有测量表计的电压回路。

（2）提供操作和控制电源。

（3）设有监视单相接地故障的电路或监视绝缘情况的电路。当发生单相接地故障时报警。

高压柜屏顶电压小母线的电源就是由 PT 柜提供的，它也为其他出线高压柜提供测量、计量、保护用电源等。PT 柜内既有测量 PT，又有计量 PT，如没有特殊要求，一般是不分开的。

工作原理图如综图 5-1 所示，假设系统为中性点不接地系统。开口三角侧接电压继电器，正常运行时，每相电压表监测正常的线路的相电压。由于三相电压对称，因此，开口三角侧的电压继电器线圈上的三相电压之和为零，即和开口三角两端电压近似为零，电压继电器不动作。而当系统发生接地故障时，系统的三相电压不平衡，故障相电压为零，正常相对地电压均升为线电压，即故障相电压表指示为零，正常相电压表指示为线电压，同时，开口三角侧的电压继电器两端电压不为零，将出现约为 100 V 左右的电压，使电压继电器 DY 动作，则其常开点闭合，接通中间继电器 ZJ 的线圈，ZJ 的常开点闭合，接通报警器电笛，发出单相接地故障报警信号。

**2. 识读接线图**

1) 器件抽屉模块的组成

每一个器件抽屉模块均由三部分组成：第一部分是器件背面端子图；第二部分是可以通过抽屉模块的前面进行接线的插接式、带圆孔的 P 接线板（P 接线板有两排接线端，每一排有 12 个接线端子，可以用于项目训练的快速接线）；第三部分是可以通过抽屉模块的后面进行布线、接线的 D 端子排。P 接线板分为两层插孔式接线端子，每一层由正面图纸从右到左依次排序为 1～12、13～24。D 端子排是由 1D、2D、3D 组成的，每组端子排是由 12 个端子组成的，其正面图纸从左到右依次排序为 1～12。P 接线板是用于连接器件和接线排的中间环节，主要用于项目训练的快速接线，在实际开关柜中是没有此环节的，实际中只有器件背面接线图和 D 端子排。

2) 识读接线图的方法

看懂接线图是本实训重点要学会的技能之一。现以综图 5-3 电压继电器抽屉模块接线图（4 号抽屉图）为例，说明如何来读识接线图。

（1）按照由左到右、由上向下的顺序先看第一个器件 3DY 电压继电器的端子接线图。如 3DY 电压继电器的 2 号端子标记是"P-21"，表示连接导线的一端接 2 号端子，另一端接在 P 接线板排列序号为"21"的端子上，同时，在图中 P 接线板的"21号"也有标记线号"3DY=2"。

（2）P 接线板的"21"端子标记线号为"3D-5"和"3DY-2"，表示"21"号端子有两根线，一根线接 3DY 电压继电器的"2"号端子，一根线接 D 端子排，排序为"3D"的 5 号接线端。

**3. PT 柜的装配、布线、调试流程**

（1）根据图纸，准备布线材料，并核对实物器件型号是否与图纸一致，检查器件是否完好（包括线圈、常开点、常闭点）。

（2）烫印异型套管，可以通过打号机或手写线号来完成。

（3）量线、下线。根据电路接线图，将所有器件上的导线，按实际行线途径，确定线长，并留有适当的余量，要求余量比实际行线路径长 300～350 cm，量完线后，所有线整把下料。

（4）套异型管。在下料的每一根导线的两端做上记号，套上写好线号的两个异型管标记头。根据图纸所标线号，将导线两端套上异型塑料管，异型塑料管在线路中应置入水平位置或垂直位置。写线号顺序应从左到右，从下到上，如综图 1-8 所示。

（5）接线、捆扎、整理。布线时，一般按照自上而下、从左到右的顺序逐个接入各电器接点，每接完一个部件后，按照导线去向捆扎好，并在敷设过程中及时分出和补入需增加的连接电器的导线，逐渐形成总体线束与分支线束。线束敷设途中，如遇金属障碍物，则应以弯曲形式越过，中间至少应留出 3～5 mm 间距。线束要用绝缘线夹固定在骨架上，两固定点之间的距离，横向不得超过 300 mm，纵向不得超过 400 mm。布线时，要横平竖直，层次分明，回路清晰，美观大方，不能遮盖元件代号，以便施工和维修。

（6）检查线路。布线完成后，用万用表（或用通断测试灯）按照接线图检查线路。将数字万用表打到"通/断蜂鸣"挡位。检查线路的方法是：

先测试器件端子到 P 接线板的接线。如测试 4 号抽屉图的 3DY 电压继电器的 2 号端子标记是"P-21"。将万用表的一支表笔放置在 3DY 电压继电器的 2 号端子上，另一支表笔放置在导线去向 P 接线板的"21"号端子上，若数字万用表蜂鸣，说明线路接对了。

再接着测试 P 接线板到 D 端子排的接线。如 P 接线板的"21"号端子标记线号为"3D-5"和"3DY-2"。将万用表的一支表笔放置在 P 接线板的"21"号端子上，另一支表笔放置在导线去向 D 端子排的 3D 端子排的"5"号端子上，若数字万用表蜂鸣，说明线路接对了。由于另一根导线去向为"3DY-2"，在上面已经测试过了。

学会检查方法后，学生按小组先自查，并填写自查评价单。完成自查后，小组之间再交换检查，并记录问题，没问题后，可以通电调试。

（7）保护动作参数的整定。将布好线，检查没问题的器件抽屉模块中的电压继电器的动作电压整定为 90 V。

（8）调试。将布好线的各种器件抽屉模块，按照综图 5-1 所示原理图，进行组合，安装、固定在供配电系统实训装置上，并进行接线、调试。可以通过由抽屉模块组合成的开关柜的前面板 P 接线板插孔进行接线，也可以通过后面板 D 端子排上的端子进行接线。教学中，我们采用前一种接线、调试方法。

按照先连接直流二次控制电路，后连接交流主电路的方法进行。直流二次控制电路的电源为直流 220 V，直流控制电源的正极用红色导线连接，负极用黑色导线连接，中间环节连接线可选用其他颜色。交流主电路按照 A、B、C 三相，用黄、绿、红导线进行连接。高压断路器用模拟断路器来替代，模拟断路器有合闸插孔、分闸插孔及合闸、分闸指示灯。电压互感器的二次电压由继电保护校验仪 UA、UB、UC 来模拟给定 A 相、B 相、C 相电压。调试时，一定要缓慢调节继电保护校验仪的电压旋钮，使电压由零逐渐增大，并观察电压显示器，直到模拟断路器动作，合闸指示灯灭，分闸指示灯亮，即达到动作电压值，此时记录电压显示器的实际示值，与事先整定参数值进行比较。调试完成后，再将继电保护校验仪电压旋钮旋到零，之后断电。

调试的接线图可以按照综图 5-1 进行。下面列出几种调试接线图，供调试中参考。PT 柜的调试接线图如综图 5-5 所示，绝缘监测线路原理图如综图 5-6 所示。

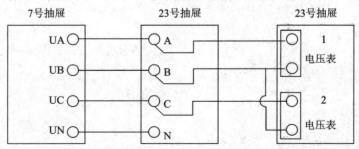

综图 5-5　PT 柜间接线图

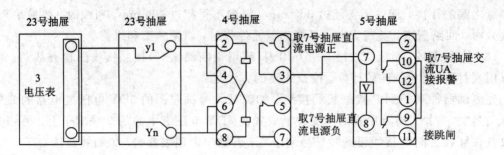

综图 5-6　绝缘监测线路原理图

# 综合实训 5　PT 柜装配与调试　任务单

| 综合实训 5<br>PT 柜装配与调试 | | 姓名 | 学号 | 班级 | 组别 | 实训时间 |
|---|---|---|---|---|---|---|
| 实训<br>学时 | 30 学时 | 辅导<br>教师 | | | | |

**项目描述：**

1. 读懂给定的综图 5-1 所示的 PT 柜控制原理图。根据给定的综图 5-2、综图 5-3、综图 5-4 所示配电柜抽屉接线图，能核对实物器件是否与图纸型号、端子号一致，并对实物器件用万用表进行测试、检查。确认完好后，按照给定接线图及继电保护二次接线工艺要求，完成开关柜装配任务的下线、在异型管上写线号、套异型管、接线、行线、捆扎等布线任务。

2. 布线完成后，正确使用万用表(或通断测试灯)进行电路的检查，并排除故障。并完成小组自查、互查，填写评价单。

3. 在调试之前，进行动作参数整定。将电压继电器的动作电压整定为 90 V。根据综图 5-1 完成装配后，进行通电调试，并记录问题。

4. 根据完成的实训项目，写出实训总结报告。

**教学目标：**

1. 能识读电路原理图与接线图；能够查阅图纸、器件等的相关参数。

2. 能正确使用工具，按照接线图及二次接线工艺要求进行变压器保护柜二次回路的布线、装配工作。

3. 能正确使用万用表，对装配好的线路进行检查，并排查故障。

4. 能正确整定动作参数；能正确使用继电保护校验仪、模拟断路器、继电保护实训系统，对装配好的变压器保护柜进行通电调试，并能及时处理调试中出现的问题。

5. 具有专业知识的综合运用能力和项目的计划、实施与评价能力；具备协作、组织与表达能力。

**实训设备与工具：**

继电保护各种元器件抽屉模块；供配电系统实训装置、电源总控柜、直流屏控制装置、继电保护校验仪、模拟断路器。线号印字机，剥线钳，尖嘴钳，斜口钳，压接钳，电工刀(剪刀)，万用表，2 米卷尺，4 寸、6 寸、8 寸螺丝刀等。

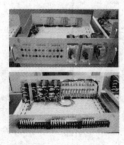

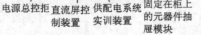

电源总控柜　直流屏控　供配电系统　固定在柜上　模拟
　　　　　制装置　实训装置　的元器件抽　断路器
　　　　　　　　　　　　　屉模块　　继电保护
　　　　　　　　　　　　　　　　　校验仪

# 综合实训 5　PT 柜装配与调试　评价单

| 姓名 | | 学号 | | 班级 | | 组别 | | 成绩 | |
|---|---|---|---|---|---|---|---|---|---|

| 综合实训 5　PT 柜装配与调试 | | | 小组自评 | | 教师评价 | |
|---|---|---|---|---|---|---|
| 评 分 标 准 | | 配分 | 扣分 | 得分 | 扣分 | 得分 |
| 一、按图接线与知识的运用（20 分） | 1. 识读原理图 | 5 | | | | |
| | 2. 正确使用工具 | 5 | | | | |
| | 3. 利用手册正确查阅器件参数 | 5 | | | | |
| | 4. 识读接线，接线正确 | 5 | | | | |
| | 5. 有虚接、漏接、错接每处扣 2 分 | | | | | |
| | 6. 接线时损坏器件扣 10 分 | | | | | |
| 二、布线工艺（30 分） | 1. 按照技术规范和工艺要求布线，方法正确、合理；会用万用表进行电路的检查，并能够排查故障 | 10 | | | | |
| | 2. 异型管套法正确 | 5 | | | | |
| | 3. 捆扎、行线符合二次工艺要求 | 10 | | | | |
| | 4. 布线美观整齐 | 5 | | | | |
| | 5. 行线不规范，或异型管套法有一处错误，或线号写错一处，或接线有一处接错，扣 3 分 | | | | | |
| 三、调试（20 分） | 1.会动作参数整定,方法正确 | 6 | | | | |
| | 2.调试过程熟练安装模块抽屉,通电调试线路接线正确 | 6 | | | | |
| | 3.会调试继电保护校验仪,会使用模拟断路器 | 8 | | | | |
| | 4. 调试过程中不会整定参数,参数配合不合理每项扣 5 分 | | | | | |
| | 5. 调试中,烧坏器件扣 20 分 | | | | | |
| | 6. 不按照要求调试扣 10 分 | | | | | |
| 四、协作组织（10 分） | 1. 小组在装配、布线、调试工作过程中，出全勤，团结协作，制定分工计划，分工明确，积极动手完成任务 | 10 | | | | |
| | 2. 不动手，或迟到早退，或不协作，每有一处，扣 5 分 | | | | | |
| 五、汇报与分析报告(10 分) | 项目完成后，按时交实训总结报告，内容书写完整、认真 | 10 | | | | |
| 六、安全文明意识(10 分) | 1. 不遵守操作规程扣 5 分 | 10 | | | | |
| | 2. 结束不清理现场扣 5 分 | | | | | |
| 总　　分 | | | | | | |

# 综合实训 5   PT 柜装配与调试   报告单

| 姓名 | | | | | | 实训学时 | 辅导教师 |
|---|---|---|---|---|---|---|---|
| 分工<br>任务 | | | | | | | |
| 工具 | | | | | | | |
| 测试仪表 | | | | | | | |
| 调试仪器 | | | | | | | |

一、看图简述 PT 柜工作原理

二、布线、装配、调试工作流程

三、动作参数整定结果

# 综合实训 5　　PT 柜装配与调试　　报告单

四、实训中应注意的问题

五、总结报告

| 装配工作过程<br>问题记录 | | |
| --- | --- | --- |
| | 记录员 | |

| | 完成日期 | |

# 综合实训6　微机综合保护柜装配与调试

## 一、项目描述

（1）读懂给定的综图6-1、6-2微机综合保护柜原理图，根据给定的综图6-3所示微机综合保护接线图，能核对实物器件是否与图纸型号、端子号一致，并对实物器件用万用表进行测试、检查。确认完好后，按照给定接线图及继电保护二次接线工艺要求，完成微机综合保护柜装配任务的下线、在异型管上写线号、套异型管、接线、行线、捆扎等布线任务。

（2）布线完成后，正确使用万用表（或通断测试灯）进行电路的检查，排除故障。之后完成小组的自查、互查，填写评价单。

（3）在调试之前，将布好线，检查没问题的器件抽屉装入柜中，通电后，利用操作面板设置保护对象为线路，这时会列出线路的过电流保护和其他保护。将过电流保护中的速断电流设定为4.5 A，时间设定为0秒；将定时限过流保护的电流设定为3 A，延时为5 s。

（4）动作参数设置完成后，通电调试，并记录问题。

（5）根据完成的实训项目，写出实训总结报告。

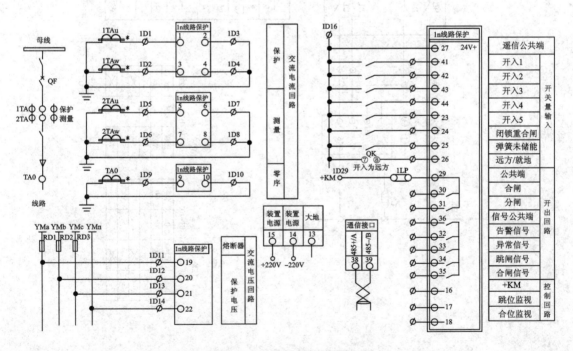

综图6-1　微机保护原理图1

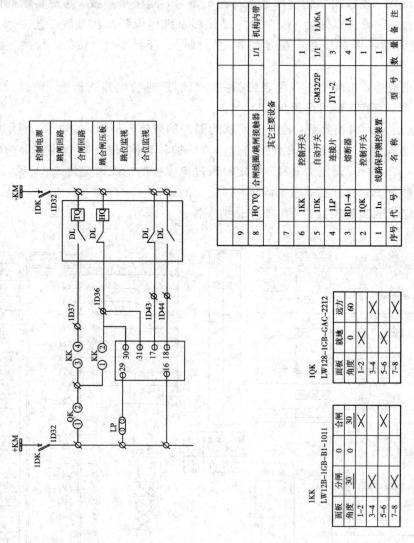

综图6-2 微机保护原理图2

| 序 号 | 代 号 | 名 称 | 型 号 | 数 量 | 备 注 |
|---|---|---|---|---|---|
| 9 | HQ TQ | 合闸线圈/跳闸接触器 | | 1/1 | 机构内带 |
| | | 其它主要设备 | | | |
| 8 | | | | | |
| 7 | 1KK | 控制开关 | | 1 | |
| 6 | 1DK | 自动开关 | GM32/2P | 1/1 | 1A/6A |
| 5 | 1LP | 连接片 | JY1-2 | 3 | |
| 4 | RD1-4 | 熔断器 | | 4 | 1A |
| 3 | 1QK | 控制开关 | | 1 | |
| 2 | 1n | 线路保护测控装置 | | 1 | |
| 1 | | | | | |

1QK LW128-1GB-GAC-2212

| 面板 | 就地 | 远方 |
|---|---|---|
| 角度 | 0 | 60 |
| 1-2 | 0 | × |
| 3-4 | × | × |
| 5-6 | × | × |
| 7-8 | × | × |

1KK LW12B-1GB-B1-1011

| 面板 | 分闸 | 合闸 |
|---|---|---|
| 角度 | 30 | 30 |
| 1-2 | 0 | 0 |
| 3-4 | 30 | × |
| 5-6 | × | × |
| 7-8 | × | × |

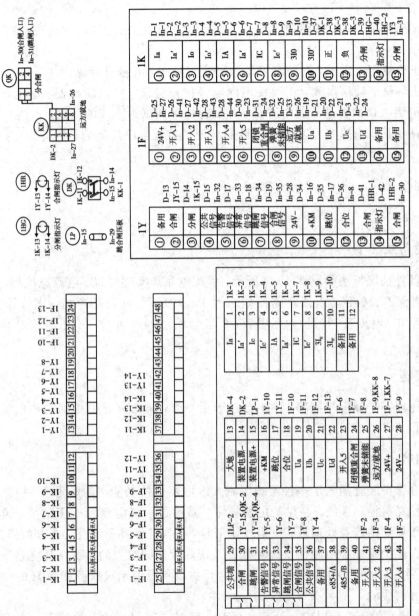

综图6-3 微机综合保护接线图

## 二、教学目标

（1）认识微机综合保护装置；能读识电路原理图与接线图；能够查阅图纸、器件等的相关参数。

（2）能正确使用工具，按照接线图及二次接线工艺要求进行微机保护柜的二次回路布线、装配工作。

（3）能正确使用万用表，对装配好的线路进行检查，并排查故障。

（4）能正确整定动作参数，正确使用继电保护校验仪、模拟断路器、继电保护实训系统对装配好的微机保护柜进行通电调试，并及时处理调试中出现的问题。

（5）具有专业知识的综合运用及项目的计划、实施与评价能力；具备协作、组织与表达能力。

## 三、学时安排

30 学时(1 周)。

## 四、实训设备及工具

各种元器件抽屉模块如综图 1-1 所示；供配电系统实训装置、电源总控柜、直流屏控制装置、继电保护校验仪、模拟断路器如综图 1-2 所示。线号印字机，剥线钳，尖嘴钳，斜口钳，压接钳，电工刀(剪刀)，万用表，2 米卷尺，4 寸、6 寸、8 寸螺丝刀等工具如综图 1-3所示。

## 五、教学实施

教学采用理实一体组织实施，学生分为若干小组，同时展开微机保护柜的装配与调试实训教学过程。

## 六、实训内容

微机综合保护装置涵盖了多种常规电磁式继电器保护功能，是集测量、控制和通信为一体的微型计算机控制系统。在供配电系统中，其通过采集电流和电压信号，再经过信息处理系统将采集到的信号处理后，发出控制信号，使高压断路器动作，断开故障电路。

微机综合保护系统是由硬件系统和软件系统两大部分组成的，硬件系统是微机保护的基础，软件系统是微机保护的核心。微机综合保护硬件系统组成框图如综图 6-4 所示，是由以下几部分构成的：

（1）微机主系统。它是以中央处理器(CPU)为核心而设计的一套微型计算机，完成数字信号的处理工作。

（2）数据采集系统。完成对模拟信号进行测量并转换成数字量的工作。

（3）开关量的输入、输出系统。完成对采集输入开关量和驱动小型继电器发出跳闸命令和信号的工作。

（4）外部通信接口。

（5）人机对话接口。完成人机对话工作。

（6）电源。把变电站的直流电压转换成微机保护需要的稳定的直流电压。

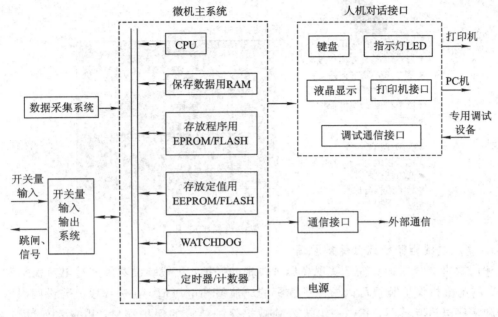

综图 6-4 微机保护系统硬件组成框图

微机保护的软件系统可以实现线路保护、变压器保护、发电机保护等多种功能的应用，具体内容如综图 6-5～综图 6-7 所示。

进线/出线保护应用：
- 带方向/不带方向相过流保护
- 带方向/不带方向接地保护
- 电压保护
- 频率保护
- 光纤纵差
- ……

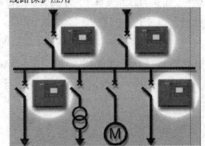

综图 6-5 线路保护应用

进线变压器/配电变压器保护应用：
- 带方向/不带方向相过流保护
- 带方向/不带方向接地保护
- 电压保护
- 频率保护
- 过负荷保护
- 温度/瓦斯/压力非电量保护
- 差动保护
- ……

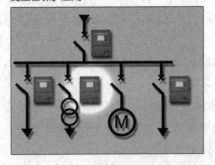

综图 6-6 变压器保护应用

发电机保护应用：
- 带方向/不带方向相过流保护
- 带方向/不带方向接地保护
- 电压保护/频率保护
- 过负荷保护/温度保护
- 差动保护
- 失磁保护
- 失步保护
- 定子接地
- 低阻抗保护
- 起动监视与保护
- 速度保护

发电机保护应用

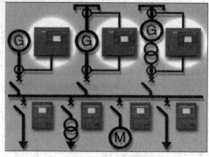

综图 6-7　发电机保护应用

### 1. 高压进线柜微机综合保护原理

利用微机综合保护装置来实现高压进线柜的保护，一般装设两段式过电流保护和接地保护。利用微机保护装置可以检测进线柜的电流值和电压值，在进线段上装设两组电流互感器和零序电流互感器，其中一组接入到微机保护装置的保护端口，用来实现过流保护；一组接入到微机保护装置的检测端口，用来实现电流检测。零序电流互感器接入到微机保护装置的零序端口。通过上述几个端口，能检测线路的过电流及零序电流。通过母线电压互感器二次侧，可以接入电压互感器到微机保护装置的电压端口。如综图 6-1 所示，这些量是微机综合保护装置实现进线保护所需采集的数据，为模拟量。除了需要在微机保护装置输入这些模拟量外，微机保护在检测到故障时，以及检测高压断路器状态时，还需要有输入输出信号开关量，如综图 6-2 所示，将高压断路器的开关辅助触点作为状态信号输入到微机综合保护装置。微机综合保护装置同时可输出合闸和分闸信号，以实现故障跳闸和重合闸控制。

### 2. 识读接线图

1）器件抽屉模块的组成

每一个器件抽屉模块均由三部分组成：第一部分是器件背面端子图；第二部分是可以通过抽屉模块的前面进行接线的插接式、带圆孔的 P 接线板（P 接线板有三列接线端，图纸上分别标识为 1Y、1F、1K，每一列有 15 个接线端子）；第三部分是可以通过抽屉模块的后面进行布线、接线的 D 端子排。D 端子排分为两排，其图纸从左到右依次排序为 1～12、13～24、25～36、37～48。P 接线板是用于连接器件和 D 端子排的中间环节，主要目的用于实训调试的快速接线，在实际开关柜中没有 P 接线板，实际中只有器件背面接线图和 D 端子排。

2）识读接线图的方法

看懂接线图是本实训重点要学会的技能之一。现以综图 6-3 微机保护抽屉模块接线图为例，说明如何读识接线图。

（1）先看第一个器件 QK 开关的端子接线图。如 QK 开关的 2 号端子标记是"1n-30"，表示连接导线的一端接 2 号端子，另一端接在 1n 设备的排列序号为"30"的端子上，同时，在图中 ln 设备的"30 号"也有标记线号"QK‐2"。

（2）ln 设备的"30"号端子标记线号为"1Y‐15"和"QK‐2"，表示"30"号端子有两根线，一根线接 QK 开关的"2"号端子，一根线接 1Y 设备排序为 15 号的接线端。

**3. 微机保护柜装配、布线、调试流程**

（1）根据图纸，准备布线材料，并核对实物器件型号是否与图纸一致，检查器件是否完好（包括线圈、常开点、常闭点）。

（2）烫印异型套管，可以通过打号机或手写线号来完成。

（3）量线、下线。根据电路接线图，将所有器件上的导线按实际行线途径，确定线长，并留有适当的余量，要求余量比实际行线路径长 300~350 cm，量完线后，所有线整把下料。

（4）套异型管。在下料的每一根导线的两端做上记号，套上写好线号的两个异型管标记头。根据图纸所标线号，将导线两端套上异型塑料管，异型塑料管在线路中应置入水平位置或垂直位置。写线号顺序应从左到右，从下到上，如综图 1‐8 所示。

（5）接线、捆扎、整理。布线时，一般按照自上而下、从左到右的顺序逐个接入各电器接点，每接完一个部件后，按照导线去向捆扎好，并在敷设过程中及时分出和补入需增加的连接电器的导线，逐渐形成总体线束与分支线束。线束敷设途中，如遇金属障碍物，则应以弯曲形式越过，中间至少应留出 3~5 mm 间距。线束要用绝缘线夹固定在骨架上，两固定点之间的距离，横向不得超过 300 mm，纵向不得超过 400 mm。布线时，要横平竖直，层次分明，回路清晰，美观大方，不能遮盖元件代号，以便施工和维修。

（6）检查线路。布线完成后，用万用表（或用通断测试灯）按照接线图检查线路。将数字万用表打到"通/断蜂鸣"挡位。检查线路的方法是：

先测试器件端子到 WGB‐54 微机综合保护装置的 ln 接线端。如测试 1 号抽屉图的 QK 开关的 2 号端子标记是"1n‐30"，将万用表的一支表笔放置在 QK 开关的 2 号端子上，另一支表笔放置在导线去向微机综合保护装置 ln 的"30"号端子上，若数字万用表蜂鸣，说明线路接对了。

接着再测试微机综合保护装置 ln 的接线端到 P 接线板的接线。如 ln 的"30"号端子标记线号为"QK‐2"和"1Y‐15"，将万用表的一支表笔放置在 ln 设备接线板的 30 号端子上，另一支表笔放置在导线去向的 1Y 端子排的"15"号端子上，若数字万用表蜂鸣，说明线路接对了。由于另一根导线去向为"QK‐2"，在上面已经测试过了。

用同样的检查方法依次进行所有接线的测试。学会检查方法后，学生按小组先自查，并填写自查评价单。完成自查后，小组之间再交换检查，并记录问题，没问题后，可以通电调试。

（7）动作参数的整定。将布好线，检查没问题的器件抽屉装入柜中，通电后，利用操作面板设置保护对象为线路，这时会列出线路保护相关的过电流保护和其他保护，将过电流保护的速断电流设定为 4.5 A，时间为 0 秒；将定时限过电流保护的电流设定为 3 A，延时为 5 s。

（8）调试。将布好线的各种器件抽屉模块，按照综图 6‐1、6‐2 所示原理图进行组合、安装、固定在供配电系统实训装置上，并通电调试。既可以通过由抽屉模块组合成的开关柜的前面板 P 接线板插孔进行接线，也可以通过后面板 D 端子排上的端子进行接线。教学中，我们采用前一种接线、调试方法。

按照先连接直流二次控制电路，后连接交流主电路的方法进行。直流二次控制电路的电源为直流 220V，直流控制电源的正极用红色导线连接，负极用黑色导线连接，中间环节连接线可选用其他颜色。交流主电路按照 A、B、C 三相，用黄、绿、红导线进行连接。高压断路器用模拟断路器来替代，模拟断路器有合闸、分闸指示灯。电流互感器的二次电流由继电保护校验仪 IA - IAN、IB - IBN、IC - ICN 来模拟给定 A 相、B 相、C 相电流；电压互感器的二次电压由继电保护校验仪 UA、UB、UC 来模拟给定 A 相、B 相、C 相电压。调试时，一定要缓慢调节继电保护校验仪的电流旋钮和电压旋钮，使电流、电压由零逐渐增大，并观察电流或电压显示器，直到模拟断路器动作，即达到动作电流值，或动作电压值，并记录电流显示器或电压显示器的实际示值，与事先的整定参数值进行比较。调试完成后，再将继电保护校验仪电流或电压旋钮旋到零，之后断电。

调试的接线图可以按照综图 6-1、综图 6-2 进行。下面列出几种调试接线图，供调试中参考。CSB 模拟断路器调试接线图、电参量信号输入电路的调试接线图分别如综图 6-8～综图 6-10 所示。

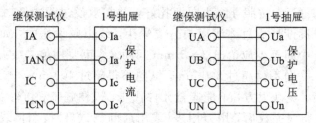

综图 6-8　微机保护检测量输入接线原理图

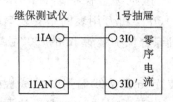

综图 6-9　微机保护零序量接线原理图

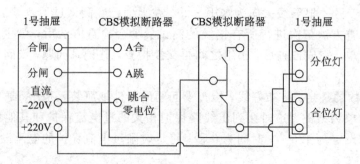

综图 6-10　模拟断路器接线原理图

# 综合实训6 微机综合保护柜装配与调试 任务单

| 综合实训6<br>微机综合保护柜装配与调试 | | | 姓名 | 学号 | 班级 | 组别 | 实训时间 |
|---|---|---|---|---|---|---|---|
| 实训<br>学时 | 30学时 | 辅导<br>教师 | | | | | |

项目描述：

1. 读懂给定的综图6-1、6-2微机综合保护柜原理图，根据给定的综图6-3所示微机综合保护接线图，能核对实物器件是否与图纸型号、端子号一致，并对实物器件用万用表进行测试、检查。确认完好后，按照给定接线图及继电保护二次接线工艺要求，完成微机综合保护柜装配任务的下线、在异型管上写线号、套异型管、接线、行线、捆扎等布线任务。

2. 布线完成后，正确使用万用表（或通断测试灯）进行电路的检查，排除故障。并完成小组的自查、互查，填写评价单。

3. 在调试之前，将布好线，检查没问题的器件抽屉装入柜中，通电后，利用操作面板设置保护对象为线路，这时会列出线路的过电流保护和其他保护。将过电流保护中的速断电流设定为4.5 A，时间设定为0秒；将定时限过流保护的电流设定为3 A，延时为5 s。

4. 动作参数设置完成后，通电调试，并记录问题。

5. 根据完成的实训项目，写出实训总结报告。

教学目标：

1. 认识微机综合保护装置；能读识电路原理图与接线图；能够查阅图纸、器件等的相关参数。

2. 能正确使用工具，按照接线图及二次接线工艺要求进行微机保护柜的二次回路布线、装配工作。

3. 能正确使用万用表，对装配好的线路进行检查，并排查故障。

4. 能正确整定动作参数，正确使用继电保护校验仪、模拟断路器、继电保护实训系统，对装配好的微机保护柜进行通电调试，并及时处理调试中出现的问题。

5. 具有专业知识的综合运用能力和项目计划、实施与评价能力；具备协作、组织与表达能力。

实训设备与工具：

各种元器件抽屉模块；供配电系统实训装置、电源总控柜、直流屏控制装置、继电保护校验仪、模拟断路器。线号印字机，剥线钳，尖嘴钳，斜口钳，压接钳，电工刀（剪刀），万用表，2米卷尺，4寸、6寸、8寸螺丝刀等。

电源总控柜 直流屏控制装置

供配电系统实训装置 固定在柜上的元器件抽屉模块

模拟断路器 继电保护校验仪

# 综合实训6 微机综合保护柜装配与调试 评价单

| 姓名 | | 学号 | | 班级 | | 组别 | | 成绩 | |
|---|---|---|---|---|---|---|---|---|---|
| 综合实训6 微机综合保护柜装配与调试 | | | | | | 小组自评 | | 教师评价 | |
| 评 分 标 准 | | | | | 配分 | 扣分 | 得分 | 扣分 | 得分 |
| 一、按图接线与知识的运用(20分) | | 1. 识读原理图 | | | 5 | | | | |
| | | 2. 正确使用工具 | | | 5 | | | | |
| | | 3. 正确设定微机保护动作参数 | | | 10 | | | | |
| | | 4. 有虚接、漏接、错接每处扣2分 | | | | | | | |
| | | 5. 接线时损坏器件扣10分 | | | | | | | |
| 二、布线工艺(30分) | | 1. 按照技术规范和工艺要求布线,方法正确、合理;会用万用表进行电路的检查,并能够排查故障 | | | 10 | | | | |
| | | 2. 异型管套法正确 | | | 5 | | | | |
| | | 3. 捆扎、行线符合二次工艺要求 | | | 10 | | | | |
| | | 4. 布线美观整齐 | | | 5 | | | | |
| | | 5. 行线不规范,或异型管套法有一处错误,或线号写错一处,或接线有一处接错,扣3分 | | | | | | | |
| 三、调试(20分) | | 1. 会动作参数整定,方法正确 | | | 6 | | | | |
| | | 2. 调试过程熟练安装抽屉模块,通电调试线路接线正确 | | | 6 | | | | |
| | | 3. 会调试继电保护校验仪,会使用模拟断路器 | | | 8 | | | | |
| | | 4. 调试过程中不会整定参数,参数配合不合理每项扣5分 | | | | | | | |
| | | 5. 调试中,烧坏器件扣20分 | | | | | | | |
| | | 6. 不按照要求调试扣10分 | | | | | | | |
| 四、协作组织(10分) | | 1. 小组在装配、布线、调试工作过程中,出全勤,团结协作,制定分工计划,分工明确,积极动手完成任务 | | | 10 | | | | |
| | | 2. 不动手,或迟到早退,或不协作,每有一处,扣5分 | | | | | | | |
| 五、汇报与分析报告(10分) | | 项目完成后,按时交实训总结报告,内容书写完整、认真 | | | 10 | | | | |
| 六、安全文明意识(10分) | | 1. 不遵守操作规程扣5分 | | | 10 | | | | |
| | | 2. 结束不清理现场扣5分 | | | | | | | |
| 总 分 | | | | | | | | | |

# 综合实训 6　微机综合保护柜装配与调试　报告单

| 姓名 | | | | | | 实训学时 | 辅导教师 |
|------|--|--|--|--|--|----------|----------|
| 分工<br>任务 | | | | | | | |
| 工具 | | | | | | | |
| 测试仪表 | | | | | | | |
| 调试仪器 | | | | | | | |

一、看图简述微机综合保护柜工作原理

二、布线、装配、调试工作流程

三、动作参数整定结果

## 综合实训 6　微机综合保护柜装配与调试　报告单

四、实训中应注意的问题

五、总结报告

| 装配工作过程<br>问题记录 | | | |
|---|---|---|---|
| | 记录员 | | 完成日期 |

# 综合实训 7 高压出线柜自动重合闸线路装配与调试

## 一、项目描述

（1）读懂给定的综图 7-1 高压出线柜自动重合闸线路控制原理图，根据给定的综图 7-2～综图 7-6 所示高压出线柜接线图，能核对实物器件是否与图纸型号、端子号一致，并对实物器件用万用表进行测试、检查。确认完好后，按照给定接线图及继电保护二次接线工艺要求，完成高压出线柜装配与调试任务的下线、在异型管上写线号、套异型管、接线、行线、捆扎等工作任务。

（2）布线完成后，正确使用万用表（或通断测试灯）进行电路的检查，并排除故障。之后完成小组自查、互查，填写评价单。

（3）在调试之前，进行动作参数整定。将电流继电器的动作电流整定为 4.2 A，将零序电流保护的动作电流整定为 30 mA，将电压继电器的动作电压整定为 70 V，时间继电器延时时间整定为 10 s。

（4）动作参数整定完成后，通电调试，并记录问题。

（5）根据完成的实训项目，写出实训总结报告。

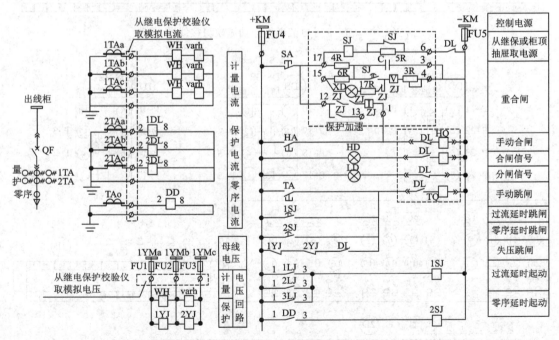

综图 7-1 高压出线柜自动重合闸线路原理图

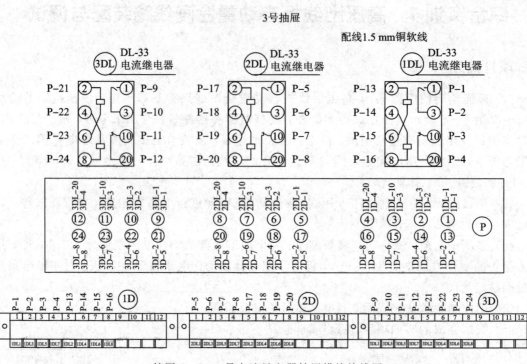

综图 7 - 2　3 号电流继电器抽屉模块接线图

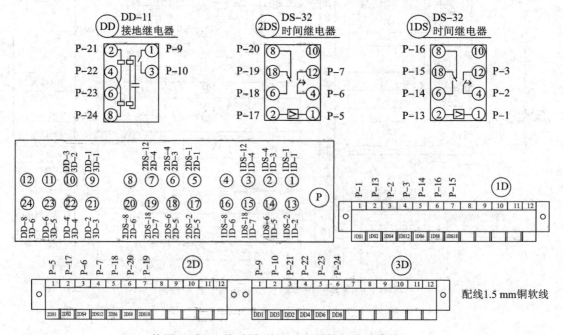

综图 7 - 3　6 号时间、接地继电器抽屉模块接线图

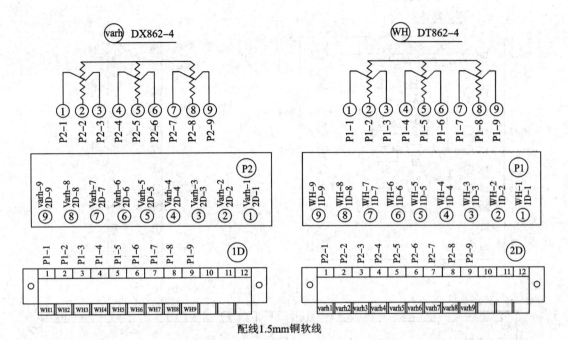

配线1.5mm铜软线

综图 7-4 功率表计量抽屉模块接线图

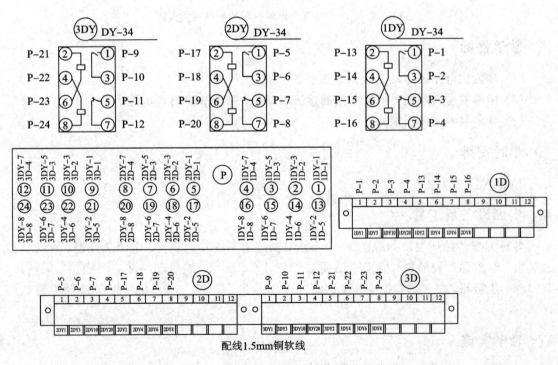

配线1.5mm铜软线

综图 7-5 17号电压继电器抽屉模块接线图

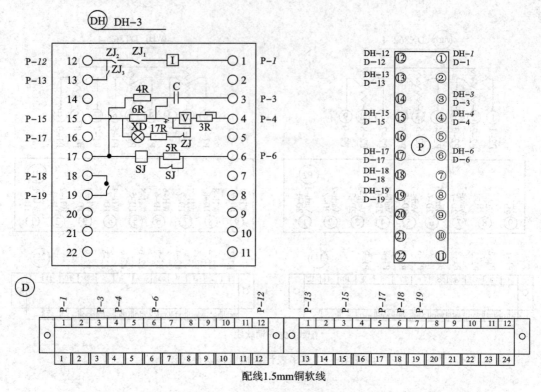

综图 7-6　18 号重合闸继电器抽屉模块接线图

## 二、教学目标

（1）掌握供电系统自动重合闸装置控制原理。

（2）能够看懂接线图，具有电路的接线、查线、排查故障与调试能力。

（3）具备自学与分析能力。

## 三、学时安排

30 学时（1 周）。

## 四、实训设备及工具

各种元器件抽屉模块如综图 1-1 所示；供配电系统实训装置、电源总控柜、直流屏控制装置、继电保护校验仪、模拟断路器如综图 1-2 所示。线号印字机，剥线钳，尖嘴钳，斜口钳，压接钳，电工刀（剪刀），万用表，2 米卷尺，4 寸、6 寸、8 寸螺丝刀等工具如综图 1-3 所示。

## 五、教学实施

教学采用理实一体组织实施，学生分为若干小组，同时展开高压出线柜的装配与调试教学过程。

## 六、实训内容

高压出线柜中有过电流保护、零序保护、失压(欠压)保护的保护设置,还具有自动重合闸、电能计量、手动跳闸、手动合闸等功能。上述好多内容在前面已经学习过,本项目重点学习自动重合闸控制原理及装配、调试技能。

### 1. 自动重合闸电路的控制原理

如综图 7-1 为单电源线路三相一次自动重合闸装置的原理接线图。虚线框内是 ZCH-1 型重合闸继电器的内部接线。它是由时间继电器 SJ、中间继电器 ZJ、信号灯 XD 及电阻、电容充放电电路等组成的。4R 是充电电阻,6R 为禁止重合闸时放电电阻,3R 是调整充电时间电压器,XD 是指示灯。自动重合闸电路的工作情况如下:

(1) 将控制开关 HA 扳到"合闸后"位置,触点接通,则高压断路器合闸,若线路正常运行,这时 ZCH-1 型重合闸继电器中的电容器 C 经 4R 电阻充电,ARD 装置处于准备工作状态,同时信号灯 XD 亮。

(2) 当线路发生相间短路瞬时性故障时的分析同前面所学内容,请自行分析。

(3) 当线路发生永久性故障时,一次重合闸不成功,继电保护装置第二次使高压断路器 DL 跳闸,此时虽然时间继电器 SJ 再次起动,但因电容器 C 尚未充满电,不能使中间继电器 ZJ 动作,因而保证了 ARD 只动作一次。

(4) 系统具有手动跳闸功能。手动操作跳闸时,重合闸装置不应动作。将控制开关 TA 扳到"跳闸"位置,接通跳闸回路线圈,使高压断路器 DL 跳闸,DL 常开点断开,常闭点闭合,切断了合闸起动回路,避免了高压断路器 DL 的重合闸。

(5) 系统还具有手动合闸功能。将控制开关 HA 扳到"合闸"位置,接通合闸线圈 HQ,高压断路器 DL 合闸,DL 的常闭点断开,常开点闭合,同时,电容器 C 通过 4R 电阻开始充电,为重合闸做准备。

如果线路上存在永久性故障,手动操作合闸 HA,则高压断路器又跳开,电容器 C 来不及充电达到使 ZJ(U)动作所必需的电压,故高压断路器不能重新合闸。

高压出线柜具有过电流保护、零序保护、失压(欠压)保护。当保护动作时,均能使高压断路器跳闸后,启动一次自动重合闸装置。原理分析请大家自行分析。

### 2. 识读接线图

1) 器件抽屉模块的组成

每一个器件抽屉模块均由三部分组成:第一部分是器件背面端子图;第二部分是可以通过抽屉模块的前面进行接线的插接式、带圆孔的 P 接线板(P 接线板有两排接线端,每一排有 12 个接线端子,可以用于项目训练的快速接线);第三部分是可以通过抽屉模块的后面进行布线、接线的 D 端子排。P 接线板分为两层插孔式接线端子,每一层由正面图纸从右到左依次排序为 1~12、13~24。D 端子排是由 1D、2D、3D 组成的,每组端子排是由 12 个端子组成的,其正面图纸从左到右依次排序为 1~12。P 接线板是用于连接器件和接线排的中间环节,主要用于项目训练的快速接线,在实际开关柜中是没有此环节的,实际中只有器件背面接线图和 D 端子排。

2) 识读接线图的方法

看懂接线图是本实训重点要学会的技能之一。现以综图 7-2 电流继电器抽屉模块接线图(3 号抽屉图)为例,说明如何读识接线图。

① 按照由左到右、由上向下的顺序先看第一个器件 3DL 电流继电器的端子接线图。如 3DL 电流继电器的 2 号端子标记是"P-21",表示连接导线的一端接 2 号端子,另一端接在 P 接线板排列序号为"21"的端子上。同时,在图中 P 接线板的"21 号"也有标记线号"3DL-2"。

② P 接线板的"21"号端子标记线号为"3D-5"和"3DL-2",表示"21"号端子有两根线,一根线接 3DL 电流继电器的"2"号端子,一根线接 D 端子排,排序为"3D"的 5 号接线端。

**3. 高压出线柜自动重合闸线路柜装配、布线、调试流程**

(1) 根据图纸,准备布线材料,并核对实物器件型号是否与图纸一致,检查器件是否完好(包括线圈、常开点、常闭点)。

(2) 烫印异型套管,可以通过打号机或手写线号来完成。

(3) 量线、下线。根据电路接线图,将所有器件上的导线按实际行线途径,确定线长,并留有适当的余量,要求余量比实际行线路径长 300～350 cm,量完线后,所有线整把下料。

(4) 套异型管。在下料的每一根导线的两端做上记号,套上写好线号的两个异型管标记头。根据图纸所标线号,将导线两端套上异型塑料管,异型塑料管在线路中应置入水平位置或垂直位置。写线号顺序应从左到右,从下到上,如综图 1-8 所示。

(5) 接线、捆扎、整理。布线时,一般按照自上而下、从左到右的顺序逐个接入各电器接点,每接完一个部件后,按照导线去向捆扎好,并在敷设过程中及时分出和补入需增加的连接电器的导线,逐渐形成总体线束与分支线束。线束敷设途中,如遇金属障碍物,则应以弯曲形式越过,中间至少应留出 3～5 mm 间距。线束要用绝缘线夹固定在骨架上,两固定点之间的距离,横向不得超过 300 mm,纵向不得超过 400 mm。布线时,要横平竖直,层次分明,回路清晰,美观大方,不能遮盖元件代号,以便施工和维修。

(6) 检查线路。布线完成后,用万用表(或用通断测试灯)按照接线图检查线路。将数字万用表打到"通/断蜂鸣"挡位。检查线路的方法是:

先测试器件端子到 P 接线板的接线。如测试 3 号抽屉图的 3DL 电流继电器的 2 号端子标记是"P-21"。将万用表的一支表笔放置在 3DL 电流继电器的 2 号端子上,另一支表笔放置在导线去向 P 接线板的"21"号端子上,若数字万用表蜂鸣,说明线路接对了。

再测试 P 接线板到 D 端子排的接线。如 P 接线板的"21"号端子标记线号为"3D-5"和"3DL-2"。将万用表的一支表笔放置在 P 接线板的"21"号端子上,另一支表笔放置在导线去向 D 端子排的 3D 端子排的"5"号端子上,若数字万用表蜂鸣,说明线路接对了。由于另一根导线去向为"3DL-2",在上面已经测试过了。

学会检查方法后,学生按小组先自查,并填写自查评价单。完成自查后,小组之间再交换检查,并记录问题,没问题后,可以通电调试。

通过上面的学习,可以将检查线路的方法归纳为两条:先依次测试每一个器件的每一个端子到 P 接线板的接线;再测试 P 接线板到 D 端子排的接线。根据器件接线端子上所标识的 P 接线板去向线号,再根据 P 接线板端子上所标识的 D 端子排去向线号,点对点用万用表检查线路。

（7）动作参数的整定。将布好线，检查没问题的器件抽屉模块在调试之前，进行动作参数整定。将电流继电器的动作电流整定为 4.2 A，将零序电流保护的动作电流整定为 30 mA，将电压继电器的动作电压整定为 70 V，时间继电器延时时间整定为 10 s。

（8）调试。将布好线的各种器件抽屉模块，按照综图 7 - 1 所示原理图，进行组合，安装、固定在供配电系统实训装置上，并按照接线图进行接线、调试。可以通过由抽屉模块组合成的开关柜的前面板 P 接线板插孔进行接线，也可以通过后面板 D 端子排上的端子进行接线。教学中，我们采用前一种接线、调试方法。

按照先连接直流二次控制电路，后连接交流主电路的方法进行。直流二次控制电路的电源为直流 220 V，直流控制电源的正极用红色导线连接，负极用黑色导线连接，中间环节连接线可选用其他颜色。交流主电路按照 A、B、C 三相，用黄、绿、红导线进行连接。高压断路器用模拟断路器来替代，模拟断路器有合闸、分闸指示灯。电流互感器的二次电流由继电保护校验仪 IA - IAN、IB - IBN、IC - ICN 来模拟给定 A 相、B 相、C 相电流；电压互感器的二次电压由继电保护校验仪 UA、UB、UC 来模拟给定 A 相、B 相、C 相电压。调试时，一定要缓慢调节继电保护校验仪的电流旋钮和电压旋钮，使电流、电压由零逐渐增大，并观察电流或电压显示器，直到模拟断路器动作，即达到动作电流值，或动作电压值，此时观察自动重合闸是否启动重合。如果启动，看是否能重合成功。此时记录电流显示器或电压显示器的实际示值，与事先的整定参数值进行比较。调试完成后，再将继电保护校验仪电流或电压旋钮旋到零，之后断电。

调试的接线图可以按照综图 7 - 1 进行。下面列出几种调试接线图，供调试中参考。CSB 模拟断路器接线图、差动保护电路的调试接线图分别如综图 7 - 7～综图 7 - 11 所示。

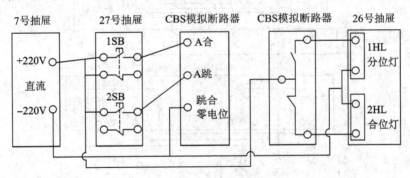

综图 7 - 7　CSB 模拟断路器图

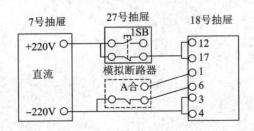

综图 7 - 8　重合闸回路接线图

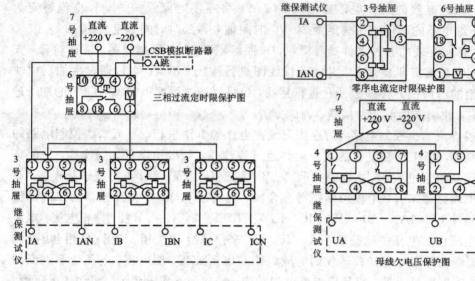

综图 7-9　三相过流定时限保护图　　　　综图 7-10　零序电流及母线欠电压保护图

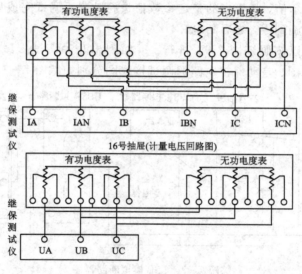

综图 7-11　计量回路图

# 综合实训7 高压出线柜自动重合闸线路装配与调试 任务单

| 综合实训7 高压出线柜自动重合闸线路装配与调试 | 姓名 | 学号 | 班级 | 组别 | 实训时间 |
|---|---|---|---|---|---|
| 实训学时 | 30学时 | 辅导教师 | | | |

项目描述：

1. 读懂给定的综图7-1高压出线柜自动重合闸线路控制原理图，根据给定的综图7-2～综图7-6所示高压出线柜接线图，能核对实物器件是否与图纸型号、端子号一致，并对实物器件用万用表进行测试、检查。确认完好后，按照给定接线图及继电保护二次接线工艺要求，完成高压出线柜装配与调试任务的下线、在异型管上写线号、套异型管、接线、行线、捆扎等工作任务。

2. 布线完成后，正确使用万用表(或通断测试灯)进行电路的检查，并排除故障。完成小组自查、互查，填写评价单。

3. 在调试之前，进行动作参数整定。将电流继电器的动作电流整定为4.2 A，将零序电流保护的动作电流整定为30 mA，将电压继电器的动作电压整定为70 V，时间继电器延时时间整定为10 s。

4. 动作参数整定完成后，通电调试，并记录问题。

5. 根据完成的实训项目，写出实训总结报告。

教学目标：

1. 掌握供电系统自动重合闸装置控制原理。

2. 能够看懂接线图，具有电路的接线、查线、排查故障与调试能力。

3. 具备自学与分析能力。

实训设备与工具：

各种元器件抽屉模块；供配电系统实训装置、电源总控柜、直流屏控制装置、继电保护校验仪、模拟断路器。线号印字机，剥线钳，尖嘴钳，斜口钳，压接钳，电工刀(剪刀)，万用表，2米卷尺，4寸、6寸、8寸螺丝刀等。

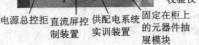

电源总控拒 直流屏控制装置 供配电系统实训装置 固定在柜上的元器件抽屉模块 模拟断路器 继电保护校验仪

## 综合实训 7　高压出线柜自动重合闸线路装配与调试　评价单

| 姓名 | | 学号 | | 班级 | | 组别 | | 成绩 | |
|---|---|---|---|---|---|---|---|---|---|
| 综合实训 7　高压出线柜自动重合闸线路装配与调试 | | | | | | 小组自评 | | 教师评价 | |
| 评 分 标 准 | | | | | 配分 | 扣分 | 得分 | 扣分 | 得分 |
| 一、按图接线与知识的运用（20分） | | 1. 识读原理图 | | | 5 | | | | |
| | | 2. 正确使用工具 | | | 5 | | | | |
| | | 3. 正确设定微机保护动作参数 | | | 10 | | | | |
| | | 4. 有虚接、漏接、错接每处扣2分 | | | | | | | |
| | | 5. 接线时损坏器件扣10分 | | | | | | | |
| 二、布线工艺（30分） | | 1. 按照技术规范和工艺要求布线，正确、合理；会用万用表进行电路的检查，并能够排查故障 | | | 10 | | | | |
| | | 2. 异型管套法正确 | | | 5 | | | | |
| | | 3. 捆扎、行线符合二次工艺要求 | | | 10 | | | | |
| | | 4. 布线美观整齐 | | | 5 | | | | |
| | | 5. 行线不规范，或异型管套法有一处错误，或线号写错一处，或接线有一处接错，扣3分 | | | | | | | |
| 三、调试（20分） | | 1. 会动作参数整定，方法正确 | | | 6 | | | | |
| | | 2. 调试过程熟练安装抽屉模块，通电调试线路接线正确 | | | 6 | | | | |
| | | 3. 会调试继电保护校验仪，会使用模拟断路器 | | | 8 | | | | |
| | | 4. 调试过程中不会整定参数，参数配合不合理每项扣5分 | | | | | | | |
| | | 5. 调试中，烧坏器件扣20分 | | | | | | | |
| | | 6. 不按照要求调试扣10分 | | | | | | | |
| 四、协作组织（10分） | | 1. 小组在装配、布线、调试工作过程中，出全勤，团结协作，制定分工计划，分工明确，积极动手完成任务 | | | 10 | | | | |
| | | 2. 不动手，或迟到早退，或不协作，每有一处，扣5分 | | | | | | | |
| 五、汇报与分析报告（10分） | | 项目完成后，按时交实训总结报告，内容书写完整、认真 | | | 10 | | | | |
| 六、安全文明意识（10分） | | 1. 不遵守操作规程扣5分 | | | 10 | | | | |
| | | 2. 结束不清理现场扣5分 | | | | | | | |
| 总　　分 | | | | | | | | | |

## 综合实训 7　高压出线柜自动重合闸线路装配与调试　报告单

| 姓名 | | | | | | 实训学时 | 辅导教师 |
|---|---|---|---|---|---|---|---|
| 分工<br>任务 | | | | | | | |
| 工具 | | | | | | | |
| 测试仪表 | | | | | | | |
| 调试仪器 | | | | | | | |

一、看图简述高压出线柜具有哪些功能

二、简述自动重合闸装置工作原理

三、布线、装配、调试工作流程

## 综合实训 7　高压出线柜自动重合闸线路装配与调试　报告单

四、动作参数整定结果

五、实训中应注意的问题

六、总结报告

| 装配工作过程<br>问题记录 | | | | |
|---|---|---|---|---|
| | | | | |
| | 记录员 | | 完成日期 | |

## 综合实训 8  低压配电柜备用电源自动投入装置装配与调试

### 一、项目描述

（1）根据给定的综图 8-1～综图 8-4 所示低压配电柜接线图，能核对实物器件是否与图纸型号、端子号一致，并对实物器件用万用表进行测试、检查。

（2）检查线路完好后，按照给定接线图及继电保护二次接线工艺要求，完成低压配电柜装配任务的下线、在异型管上写线号、套异型管、接线、行线、捆扎等布线任务。

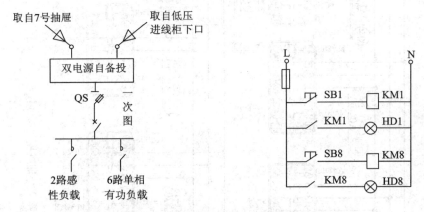

综图 8-1  低压配电柜备用电源自动投入装置原理图

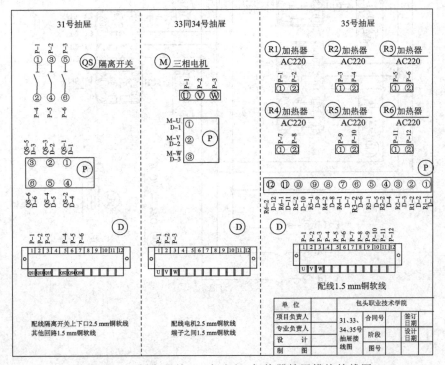

综图 8-2  隔离开关、三相电机、加热器抽屉模块接线图

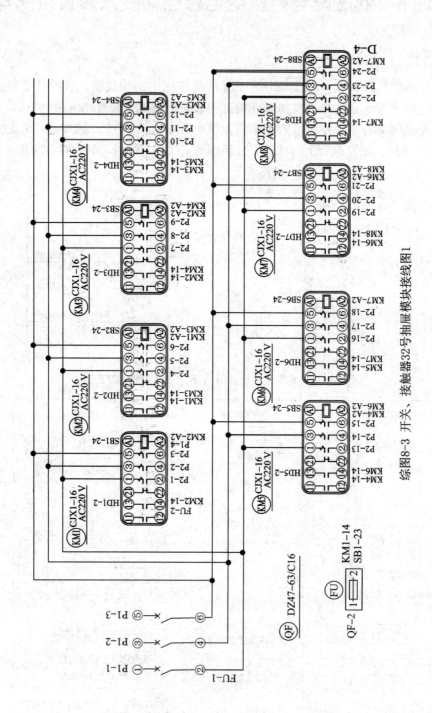

综图8-3　开关、接触器32号抽屉模块接线图1

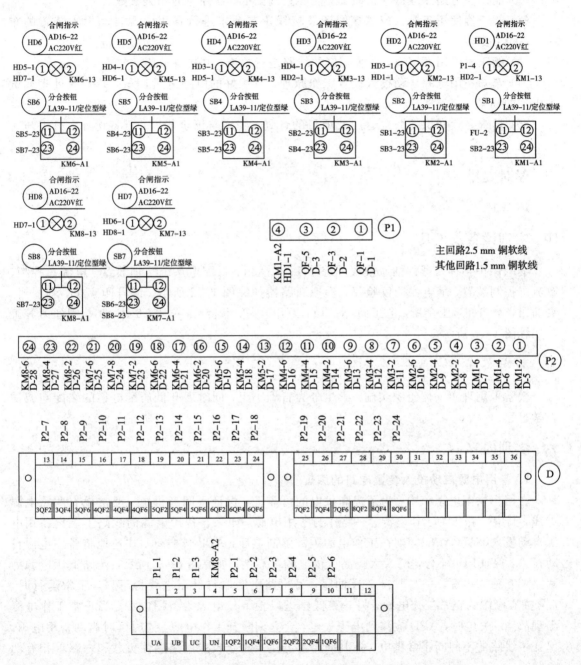

综图 8-4 开关、接线板 32 号抽屉模块接线图 2

## 二、教学目标

（1）能读识电路原理图与接线图；能够查阅图纸、器件等的相关参数。

（2）能正确使用工具，按照接线图及接线工艺要求进行备用电源自动投入装置的布线、装配工作。

（3）能正确使用万用表，对装配好的线路进行检查，并排查故障。

（4）熟知备用电源自动投入装置工作原理，对接好的电路进行调试，并及时处理调试中出现的问题。

（5）具有专业知识的综合运用及项目的计划、实施与评价能力；具备协作、组织与表达能力。

## 三、学时安排

15 学时。

## 四、实训设备及工具

继电保护各种元器件抽屉模块如综图 1-1 所示；供配电系统实训装置、电源总控柜、直流屏控制装置、继电保护校验仪、模拟断路器如综图 1-2 所示。线号印字机，剥线钳，尖嘴钳，斜口钳，压接钳，电工刀（剪刀），万用表，2 米卷尺，4 寸、6 寸、8 寸螺丝刀等工具如综图 1-3 所示。

## 五、教学实施

教学采用理实一体组织实施，学生分为若干小组，同时展开低压配电柜的装配与调试教学过程。

## 六、实训内容

### 1. 备用电源自动投入装置电路的原理

在用户供配电系统中，为了提高供电的可靠性，保证不间断供电，通常设有两路电源进线，其中一路作为工作电源，一路作为备用电源。如果在备用电源的线路上装设备用电源自动投入装置（APD），则在工作电源因故障断电后，APD 能自动、快速地将备用电源自动投入，保证用户不停电，大大提高了供电的可靠性。如综图 8-1 所示，两路低压电源为两路相互独立电源，一路取自 7 号抽屉，另一路电源取自低压进线柜下口。正常运行时，7 号抽屉电源为正常工作电源，另一路低压进线柜下口电源为备用电源。当正常工作电源出现故障、失电时，APD 检测到电源失电，会立刻断开工作电源，同时延时启动备用电源，保证了线路的不间断正常供电。控制回路部分主要用于投入两路感性负载和六路单相有功负载。

### 2. 识读接线图

1）器件抽屉模块的组成

每一个器件抽屉模块均由三部分组成：第一部分是器件背面端子图；第二部分是可以通过抽屉模块的前面进行接线的插接式、带圆孔的 P 接线板（P 接线板有两排接线端，每一排有 12 个接线端子或 1～24 个接线端子，可以用于项目训练的快速接线）；第三部分是可以通过抽屉模块的后面进行布线、接线的 D 端子排。P 接线板分为两层插孔式接线端子，每一层由正面图纸从右到左依次排序为 1～12、13～24。D 端子排是由 1D、2D、3D 组成的，每组端子排是由 12 个端子组成的，由正面图纸从左到右依次排序为 1～12。P 接线板是用于连接器件和接线排的中间环节，主要用于项目训练的快速接线，在实际开关柜中是没有此环节的，实际中只有器件背面接线图和 D 端子排。

2）识读接线图的方法

看懂接线图是本实训重点要学会的技能之一。现以综图 8-2 加热器抽屉模块接线图（35 号抽屉图）为例，说明如何读识接线图。

① 按照由左到右、由上向下的顺序先看第一个器件 R3 加热器的端子接线图。如 R3 加热器的 2 号端子标记是"P-6"，表示连接导线的一端接 2 号端子，另一端接在 P 接线板排列序号为"6"的端子上。同时，在图中 P 接线板的"6 号"也有标记线号"R3-2"。

② P 接线板的"6"号端子标记线号为"D-6"和"R3-2"，表示"6"号端子有两根线，一根线接 R3 加热器的"2"号端子，一根线接 D 端子排，排序为"D"的 6 号接线端。

**3. 低压配电柜自动接入装置装配、布线、调试流程**

（1）根据图纸，准备布线材料，并核对实物器件型号是否与图纸一致，检查器件是否完好（包括线圈、常开点、常闭点）。

（2）烫印异型套管，可以通过打号机或手写线号来完成。

（3）量线、下线。根据电路接线图，将所有器件上的导线按实际行线途径，确定线长，并留有适当的余量，要求余量比实际行线路径长 300～350 cm，量完线后，所有线整把下料。

（4）套异型管。在下料的每一根导线的两端做上记号，套上写好线号的两个异型管标记头。根据图纸所标线号，将导线两端套上异型塑料管，异型塑料管在线路中应置入水平位置或垂直位置，写线号顺序应从左到右，从下到上，如综图 1-8 所示。

（5）接线、捆扎、整理。布线时，一般按照自上而下、从左到右的顺序逐个接入各电器接点，每接完一个部件后，按照导线去向捆扎好，并在敷设过程中，及时分出和补入需增加的连接电器的导线，逐渐形成总体线束与分支线束。线束敷设途中，如遇金属障碍物，则应以弯曲形式越过，中间至少应留出 3～5 mm 间距。线束要用绝缘线夹固定在骨架上，两固定点之间的距离，横向不得超过 300 mm，纵向不得超过 400 mm。布线时，要横平竖直，层次分明，回路清晰，美观大方，不能遮盖元件代号，以便施工和维修。

（6）检查线路。布线完成后，用万用表（或用通断测试灯）按照接线图检查线路。将数字万用表打到"通/断蜂鸣"挡位。检查线路的方法是：

先测试器件端子到 P 接线板的接线。如测试 35 号抽屉图的 R3 加热器的 2 号端子标记是"P-6"。将万用表的一支表笔放置在 R3 加热器的 2 号端子上，另一支表笔放置在导线去向 P 接线板的"6"号端子上，若数字万用表蜂鸣，说明线路接对了。

再接着测试 P 接线板到 D 端子排的接线。如 P 接线板的"6"号端子标记线号为"D-6"和"R3-2"。将万用表的一支表笔放置在 P 接线板的"6"号端子上，另一支表笔放置在导线去向 D 端子排的"6"号端子上，若数字万用表蜂鸣，说明线路接对了。由于另一根导线去向为"R3-2"，在上面已经测试过了。

学会检查方法后，学生按小组先自查，并填写自查评价单。完成自查后，再小组之间交换检查，并记录问题，没问题后，可以通电调试。

（7）调试。将布好线的各种器件抽屉模块，按照综图8-1所示原理图，进行组合，安装、固定在供配电系统实训装置上，并进行接线、调试。可以通过由抽屉模块组合成的开关柜的前面板P接线板插孔进行接线，也可以通过后面板的D端子排上的端子进行接线。教学中，我们采用前一种接线、调试方法。

从7号抽屉取工作电源接入到备用电源自动投入装置的1U、1V、1W、1N端子上，同时取备用电源接入到自动投入装置的2U、2V、2W、2N端子上。自动装置的输出U、V、W、N通过低压断路器连接电动机负载和加热器负载。正常运行时，工作电源通过自动装置供给用电设备。当工作电源发生故障时，自动装置会断开工作回路，同时备用电源自动投入装置启动备用回路，切换的时间很短，保证了线路的不间断正常供电。

调试的接线图可以按照综图8-1进行。下面列出几种调试接线图，供调试中参考。备用电源自动投入装置调试接线图、用电负荷的连接电路的调试接线图分别如综图8-5～综图8-7所示。

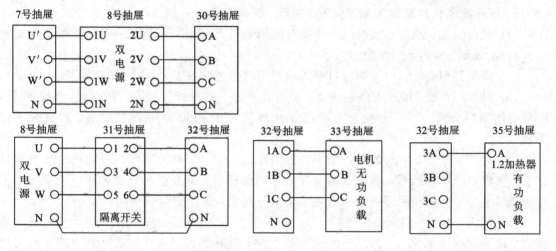

综图8-5　双电源线路备自投调试接线图　　　　综图8-6　低压负载调试接线图1

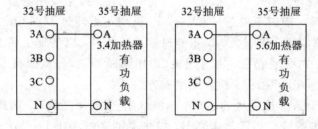

综图8-7　低压负载调试接线图2

# 综合实训 8 低压配电柜备用电源自动投入装置接线与调试 任务单

| 综合实训 8 低压配电柜备用电源自动投入装置接线与调试 | | 姓名 | 学号 | 班级 | 组别 | 实训时间 |
|---|---|---|---|---|---|---|
| 实训学时 | 15 学时 | 辅导教师 | | | | |

项目描述：

1. 根据给定的综图 8－1～综图 8－4 所示低压配电柜接线图，能核对实物器件是否与图纸型号、端子号一致，并对实物器件用万用表进行测试、检查。

2. 检查线路完好后，按照给定接线图及继电保护二次接线工艺要求，完成低压配电柜装配任务的下线、在异型管上写线号、套异型管、接线、行线、捆扎等布线任务。

教学目标：

1. 能读识电路原理图与接线图；能够查阅图纸、器件等的相关参数。

2. 能正确使用工具，按照接线图及接线工艺要求进行备用电源自动投入装置的布线、装配工作。

3. 能正确使用万用表，对装配好的线路进行检查，并排查故障。

4. 熟知备用电源自动投入装置工作原理，对接好的电路进行调试，并及时处理调试中出现的问题。

5. 具有专业知识的综合运用能力和项目的计划、实施与评价能力；具备协作、组织与表达能力。

实训设备与工具：

各种元件抽屉模块；供配电系统实训装置、电源总控柜、直流屏控制装置、继电保护校验仪、模拟断路器。线号印字机，剥线钳，尖嘴钳，斜口钳，压接钳，电工刀（剪刀），万用表，2 米卷尺，4 寸、6 寸、8 寸螺丝刀等。

电源总控拒　直流屏控制装置　供配电系统实训装置　固定在柜上的元器件抽屉模块　模拟断路器　继电保护校验仪

# 综合实训 8　低压配电柜备用电源自动投入装置接线与调试　评价单

| 姓名 | | 学号 | | 班级 | | 组别 | | 成绩 | |
|---|---|---|---|---|---|---|---|---|---|
| 综合实训 8　低压配电柜备用电源自动投入装置接线与调试 | | | | | | 小组自评 | | 教师评价 | |
| 评　分　标　准 | | | | 配分 | 扣分 | 得分 | 扣分 | 得分 | |

| | 评分标准 | 配分 | 小组自评 扣分 | 小组自评 得分 | 教师评价 扣分 | 教师评价 得分 |
|---|---|---|---|---|---|---|
| 一、按图接线与知识的运用（20分） | 1. 识读原理图 | 10 | | | | |
| | 2. 正确使用工具 | 10 | | | | |
| | 3. 有虚接、漏接、错接每处扣2分 | | | | | |
| | 4. 接线时损坏器件扣10分 | | | | | |
| 二、布线工艺（30分） | 1. 按照技术规范和工艺要求布线，方法正确、合理；会用万用表进行电路的检查，并能够排查故障 | 10 | | | | |
| | 2. 异型管套法正确 | 5 | | | | |
| | 3. 捆扎、行线符合二次工艺要求 | 10 | | | | |
| | 4. 布线美观整齐 | 5 | | | | |
| | 5. 行线不规范，或异型管套法有一处错误，或线号写错一处，或接线有一处接错，扣3分 | | | | | |
| 三、调试（20分） | 1. 会调试，方法正确 | 5 | | | | |
| | 2. 调试过程熟练安装抽屉模块，通电调试线路接线正确 | 10 | | | | |
| | 3. 会调试继电保护校验仪，会使用模拟断路器 | 5 | | | | |
| | 4. 调试过程中不会整定参数，参数配合不合理每项扣5分 | | | | | |
| | 5. 调试中，烧坏器件扣20分 | | | | | |
| | 6. 不按照要求调试扣10分 | | | | | |
| 四、协作组织（10分） | 1. 小组在装配、布线、调试工作过程中，出全勤，团结协作，制定分工计划，分工明确，积极动手完成任务 | 10 | | | | |
| | 2. 不动手，或迟到早退，或不协作，每有一处，扣5分 | | | | | |
| 五、汇报与分析报告（10分） | 项目完成后，按时交实训总结报告，内容书写完整、认真 | 10 | | | | |
| 六、安全文明意识（10分） | 1. 不遵守操作规程扣5分 | 10 | | | | |
| | 2. 结束不清理现场扣5分 | | | | | |
| 总　　分 | | | | | | |

# 综合实训 8　低压配电柜备用电源自动投入
# 装置接线与调试　报告单

| 姓名 | | | | | | 实训学时 | 辅导教师 |
|------|--|--|--|--|--|----------|----------|
| 分工任务 | | | | | | | |
| 工具 | | | | | | | |
| 测试仪表 | | | | | | | |
| 调试仪器 | | | | | | | |

一、看图简述高压出线柜具有哪些功能

二、备用电源自动投入装置的工作原理

三、布线、装配、调试工作流程

# 综合实训 8　低压配电柜备用电源自动投入装置接线与调试　报告单

四、动作参数整定结果

五、实训中应注意的问题

六、总结报告

| 装配工作过程<br>问题记录 | | | | |
|---|---|---|---|---|
| | 记录员 | | 完成日期 | |

# 附　　　　录

## 附录 1　国家相关规程与规定

### 一、隔离开关的检修规程

隔离开关检修周期大修每 3 年 1 次；小修每年 1~2 次。

**1. 隔离开关的大修**

（1）仔细擦净瓷件表面的灰尘，检查瓷瓶表面无掉釉、破损、裂纹及闪络痕迹，绝缘子的铁瓷黏合部分牢固。

（2）用汽油擦净刀片触头上的油污，检查接触面应清洁无机械损伤，无氧化膜及过热痕迹，无扭曲变形现象。

（3）用细纱布打磨触头接触面，必要时拆下触头、刀片，用木槌平整并用锉刀修整。接触面组装时涂以中性凡士林膏。

（4）检查刀片附件、弹簧、螺丝、垫圈、开口销等应齐全无缺陷，户外型隔离开关的刀片，操作机构应清扫干净，各部件完整齐全，软连接无折损现象，各活动部分及轴承部分活动自如无卡塞，检修完后加注润滑油。

（5）检查与清扫隔离开关的传动机构如蜗轮、拉杆、传动轴等，动作灵活，销子齐全，各活动部分及轴承蜗轮等处应注入适当的润滑油，传动机构与带电部分绝缘距离符合要求，必要时加装保护环，定位器及制动装置安装牢固动作正确。

（6）检查清扫隔离开关的接线板与母线的连接情况，紧固连接螺丝，清扫母线支持瓷瓶。

（7）检查并紧固隔离开关底座固定螺丝。底座接地线应良好。

**2. 隔离开关的调整**

（1）将检修后的隔离开关，利用传动机构缓慢地进行合闸，观察刀闸是否对准固定触头的中心，有无偏、卡现象，如有偏、卡时，则可采用将固定触头或支持瓷瓶移动或在支持瓷瓶底部加垫片的方法进行调整，直至闸刀与固定触头对正，分合闸没有卡塞时为止。

（2）拆开活动触头与传动机构的连接，用手将活动触头推在合闸位置上，检查触头接触面的紧密情况及压力。

① 用 0.05 mm 的塞尺检查，对于线接触塞不进去，对于面接触在接触面宽度为 50 mm 及以下时，其塞入深度不应超过 4 mm，在接触面宽度为 60 mm 及以上时，不应超过 6 mm。

② 检查接触压力，如接触压力不足时，应调节弹簧，当闸刀合闸时，弹簧各圈之间，必须留有不小于 0.5 mm 的间隙。

③ 对于户外型的隔离开关，用 0.05 mm 的塞尺检查接触情况，以塞不进去为合格。

（3）连接传动机构后操作隔离开关，使三相同时投入或同时断开，否则进行下列调整：

① 观察三相闸刀在投入合闸时的同期误差是否符合下表要求，如不符合时，对于户外

型隔离开关应调整其各相拉杆的长短，对于户内型隔离开关应调整闸刀的拉式瓷瓶螺杆长度，以满足三相同期的要求，三相同期误差标准，见附表 1-1 所示。

**附表 1-1　三相同期误差标准**

| 额定电压 kV | 6～10 | 35 | 110 |
|---|---|---|---|
| 三相同期最大误差允许值 mm | 3 | 5 | 10 |

② 对于户内型隔离开关在合闸位置时，检查活动触头至固定触头底的备用行程应保持在 3 mm～5 mm，如不符合时，可调节拉杆长度进行调整。

③ 隔离开关操作机构手柄的位置应正确。

④ 当隔离开关带有辅助接点时，亦应进行调整检修。用细砂布打磨接点，并使其常开接点在隔离开关合闸行程的 85%～90% 时闭合，常闭接点在隔离开关拉开行程的 75% 时闭合。

⑤ 对所有接地刀闸在拉开时的张角为 90 度。

⑥ 调整好的隔离开关，操作要灵活，在一个人的正常力量下，能顺利地进行分闸和合闸，经过数次分合闸试操作，隔离开关的各部分均应无变形等情况。

⑦ 检修完毕后的隔离开关应按照规定进行预防性试验。

**3. 隔离开关的小修**

(1) 隔离开关吹灰、清扫。

(2) 用汽油擦净刀片触头上的油污，检查接触面应清洁无机械损伤。

(3) 检查隔离开关合闸时，三相刀片合闸应到位，否则进行调整。

(4) 检查传动机构应灵活，传动部分加润滑油。

## 二、电力变压器的运行规程

### 1. 保护、测量、冷却装置的基本要求

(1) 变压器应按有关标准的规定装设保护和测量装置。

(2) 油浸式变压器本体的安全保护装置、冷却装置、油保护装置、温度测量装置和油箱及附件等应符合 GB6451 的要求，干式变压器有关装置应符合相应技术要求。

(3) 变压器用熔断器保护时，熔断器性能必须满足系统短路容量、灵敏度和选择性的要求。分级绝缘变压器用熔断器保护时，其中性点必须直接接地。

(4) 装有气体继电器的油浸式变压器，无升高坡度者，安装时应使顶盖沿气体继电器方向有 1%～1.5% 的升高坡度。

(5) 变压器的冷却装置应符合以下要求：

① 按制造厂的规定全部安装冷却装置；

② 强油循环的冷却系统必须有两个独立的工作电源并能自动切换。当工作电源发生故障时，应自动投入备用电源并发出声音及灯光信号；

③ 强油循环变压器，当切除故障冷却器时应发出声音及灯光信号，并自动(水冷的可手动)投入备用冷却器；

④ 风扇、水泵及油泵的附属电动机应有过负荷、短路及断相保护，应有监视油泵电机旋转方向的装置；

⑤ 水冷却器的油泵应装在冷却器的进油侧，并保证在任何情况下冷却器中的油压大于水压约 0.05 MPa(制造厂另有规定者除外)，冷却器出水侧应有放水旋塞；

⑥ 强油循环水冷却的变压器，各冷却器的潜油泵出口应装逆止阀；

⑦ 强油循环冷却的变压器，应能按温度和(或)负载控制冷却器的投切。

(6) 变压器应按下列规定装设温度测量装置：

① 应有测量顶层油温的温度计(柱上变压器可不装)，无人值班变电站内的变压器应装设指示顶层油温最高值的温度计；

② 1000 kVA 及以上的油浸式变压器、800 kVA 及以上的油浸式和 630 kVA 及以上的干式厂用变压器，应将信号温度计接远方信号；

③ 8000 kVA 及以上的变压器应装有远方测温装置；

④ 强油循环水冷却的变压器应在冷却器进出口分别装设测温装置；

⑤ 测温时，温度计管座内应充有变压器油；

⑥ 干式变压器应按制造厂的规定，装设温度测量装置。

(7) 无人值班变电站内 20 000 kVA 及以上的变压器，应装设远方监视负载电流和顶层油温的装置。

**2. 变压器运行的其他要求**

(1) 大中型变压器应有永久或临时性起吊钟罩设施及所需的工作场地。

(2) 释压装置的安装应保证事故喷油畅通，并且不会喷入电缆沟、母线及其他设备上，必要时应予遮挡。

(3) 变压器应有铭牌，并标明运行编号和相位标志。安装在变压器室内或台上、柱上的配电变压器亦应编号并悬挂警告牌。

(4) 变压器在运行情况下，应能安全地查看储油柜和套管油位、顶层油温、气体继电器，以及能安全取气样等，必要时应装设固定梯子。

(5) 室(洞)内安装的变压器应有足够的通风，避免变压器温度过高。装有机械通风装置的变压器室，在机械通风停止时，应能发出远方信号。变压器的通风系统一般不应与其他通风系统连通。

(6) 变压器的室门应采用阻燃或不燃材料，并应上锁。门上应标明变压器的名称和运行编号，门外应挂"止步，高压危险"标志牌。

(7) 安装油浸式电力变压器的场所应按有关设计规程规定设置消防设施和事故储油设施，并保持完好状态。

(8) 安装在震级强度为七级及以上地区的变压器，应考虑下列防震措施：

① 将变压器底盘固定于轨道上；

② 变压器套管与软导线连接时，应适当放松；与硬导线连接时应将过渡软连接适当加长；

③ 冷却器与变压器分开布置时，变压器应经阀门、柔性接头、连接管道与冷却器相连接；

④ 变压器应装防震型气体继电器；

⑤ 柱上变压器的底盘应与支架固定，上部应与柱绑牢。

(9) 当变压器所在系统的实际短路表观容量大于 GB1094.5 中表 2 规定值时，应在订货时向制造厂提出要求，对运行中的变压器应采取限制短路电流的措施。变压器保护动作的时间应小于可承受短路耐热的持续时间。

（10）如在变压器上安装反映绝缘情况的在线监测装置，其电气信号应经传感器采集，并保持可靠接地。采集油中溶解气样的装置，应具有良好的密封性能。

**3. 变压器的一般运行条件**

（1）变压器的运行电压一般不应高于该运行分接位置额定电压的 105%。对于特殊的使用情况（例如变压器的有功功率可以在任何方向流通），允许在不超过额定电压的 110% 下运行。

（2）无励磁调压变压器在额定电压 ±5% 范围内改换分接位置运行时，其额定容量不变。如为 -7.5% 和 -10% 分接时，其容量按制造厂的规定；如无制造厂规定，则容量应相应降低 2.5% 和 5%。有载调压变压器各分接位置的容量，按制造厂的规定。

（3）油浸式变压器顶层油温一般不应超过如下的规定（制造厂有规定的按制造厂规定）：

油浸式变压器顶层油温一般限值如下所示：

| 冷却方式、冷却介质 | 最高温度（℃） | 最高顶层油温（℃） |
| --- | --- | --- |
| 自然循环自冷、风冷 | 40 | 95 |
| 强迫油循环风冷 | 40 | 85 |
| 强迫油循环水冷 | 30 | 70 |

当冷却介质温度较低时，顶层油温也相应降低。自然循环冷却变压器的顶层油温一般不宜经常超过 85 ℃。

经改进结构或改变冷却方式的变压器，必要时应通过升温试验确定其负载能力。

（4）干式变压器的温度限值应按制造厂的规定。

（5）变压器三相负载不平衡时，应监视最大一相的电流。接线为 YN，yn0 的大、中型变压器中性线电流的允许值，按制造厂及有关规定。接线为 Y，yn0（或 YN，yn0）和 Y，Zn11（或 YN，zn11）的配电变压器，中性线电流的允许值分别为额定电流的 25% 和 40%，或按制造厂的规定。

**4. 变压器在不同负载状态下的运行方式**

（1）油浸式变压器在不同负载状态下运行时，一般应按 GB/T×××× 油浸式电力变压器负载导则（以下简称负载导则）的规定执行。变压器热特性计算按制造厂提供的数据进行。

（2）变压器的分类，按负载导则分为三类：

① 配电变压器。电压在 35 kV 及以下，三相额定容量在 2500 kVA 及以下，单相额定容量在 833 kVA 及以下，具有独立绕组，自然循环冷却的变压器。

② 中型变压器。三相额定容量不超过 100 MVA 或每柱容量不超过 33.3 MVA，具有独立绕组。

③ 大型变压器。三相额定容量 100 MVA 以上，或其额定短路阻抗大于由公式所得计算值的变压器。

（3）正常周期性负载的运行。

① 变压器在额定条件下使用，全年可按额定电流运行。

② 变压器允许在平均相对老化率小于或等于 1 的情况下，周期性地超额定电流运行；当变压器有较严重的缺陷(如冷却系统不正常、严重漏油、有局部过热现象、油中溶解气体分析结果异常等)或绝缘有缺陷时，不宜超额定电流运行。

(4) 长期急救周期性负载的运行。

① 长期急救周期性负载下运行时，将在不同程度上缩短变压器的寿命，应尽量减少出现这种运行方式的情况；必须采用时，应尽量缩短超额定电流运行的时间，降低超额定电流的倍数，有条件时按制造厂规定投入备用冷却器。

② 长期急救周期性负载运行时，平均相对老化率可大于 1 甚至远大于 1。

(5) 强迫冷却变压器的运行条件。

① 强油循环冷却变压器运行时，必须投入冷却器。空载和轻载时不应投入过多的冷却器(空载状态下允许短时不投)。各种负载下相应投入冷却器的台数，应按制造厂的规定。按温度和(或)负载投切冷却器的自动装置应保持正常。

② 油浸(自然循环)风冷和干式风冷变压器，风扇停止工作时，允许的负载和运行时间，应按制造厂的规定。油浸风冷变压器当冷却系统故障停风扇后，顶层油温不超过 65 ℃时，允许带额定负载运行。

③ 强油循环风冷和强油循环水冷变压器，当冷却系统故障切除全部冷却器时，允许带额定负载运行 20 min。如 20 min 后顶层油温尚未达到 75 ℃，则允许上升到 75 ℃，但在这种状态下运行的最长时间不得超过 1 h。

**5. 变压器的运行与维护**

(1) 变压器的运行监视。

① 安装在发电厂和变电站内的变压器，以及无人值班变电站内有远方监测装置的变压器，应经常查看监视仪表的指示，及时掌握变压器运行情况。监视仪表的抄表次数由现场规程规定。当变压器超过额定电流运行时，应作好记录。无人值班变电站的变压器应在每次定期检查时记录其电压、电流和顶层油温，以及曾达到的最高顶层油温等。对配电变压器应在最大负载期间测量三相电流，并设法保持基本平衡。测量周期由现场规程规定。

② 变压器的日常巡视检查，对于发电厂和变电站内的变压器，每天至少一次，每周至少进行一次夜间巡视；无人值班变电站内容量为 3150 kVA 及以上的变压器每 10 天至少一次；3150 kVA 以下的每月至少一次；2500 kVA 及以下的配电变压器，装于室内的每月至少一次，户外(包括郊区及农村的)每季至少一次。

③ 在下列情况下应对变压器进行特殊巡视检查，增加巡视检查次数：新设备或经过检修、改造的变压器在投运 72 h 内；有严重缺陷时；气象突变(如大风、大雾、大雪、冰雹、寒潮等)时；雷雨季节特别是雷雨后；高温季节、高峰负载期间；变压器急救负载运行时。

④ 变压器日常巡视检查一般包括以下内容：变压器的油温和温度计应正常，储油柜的油位应与温度相对应，各部位无渗油、漏油；套管油位应正常，套管外部无破损裂纹、无严重油污、无放电痕迹及其他异常现象；变压器音响正常；各冷却器手感温度应相近，风扇、油泵、水泵运转正常；油流继电器工作正常；水冷却器的油压应大于水压(制造厂另有规定者除外)；吸湿器完好，吸附剂干燥；引线接头、电缆、母线应无发热迹象；压力释放器、安全气道及防爆膜应完好无损；有载分接开关的分接位置及电源指示应正常；气体继电器内应无气体；各控制箱和二次端子箱应关严，无受潮；干式变压器的外部表面应无积污；变

压器室的门、窗、照明应完好，房屋不漏水，温度正常；现场规程中根据变压器的结构特点补充检查的其他项目。

⑤ 应对变压器作定期检查(检查周期由现场规程规定)，并增加以下检查内容：外壳及箱沿应无异常发热；各部位的接地应完好；必要时应测量铁芯和夹件的接地电流；强油循环冷却的变压器应作冷却装置的自动切换试验；水冷却器检查从旋塞放水应无油迹；有载调压装置的动作情况应正常；各种标志应齐全明显；各种保护装置应齐全、良好；各种温度计应在检定周期内，超温信号应正确可靠；消防设施应齐全完好；室(洞)内变压器通风设备应完好；储油池和排油设施应保持良好状态。

⑥ 下述维护项目的周期，可根据具体情况在现场规程中规定：清除储油柜集污器内的积水和污物；冲洗被污物堵塞影响散热的冷却器；更换吸湿器和净油器内的吸附剂；变压器的外部(包括套管)清扫；各种控制箱和二次回路的检查和清扫。

(2) 变压器的投运和停运。

① 在投运变压器之前，值班人员应仔细检查，确认变压器及其保护装置在良好状态，具备带电运行条件，并注意外部有无异物，临时接地线是否已拆除，分接开关位置是否正确，各阀门开闭是否正确。变压器在低温投运时，应防止呼吸器因结冰被堵。

② 运用中的备用变压器应随时可以投入运行。长期停运者应定期充电，同时投入冷却装置。如强油循环变压器，充电后不带负载运行时，应轮流投入部分冷却器，其数量不超过制造厂规定空载时的运行台数。

③ 变压器投运和停运的操作程序应按现场规程的规定，并须遵守下列各项：强油循环变压器投运时应逐台投入冷却器，并按负载情况控制投入冷却器的台数；水冷却器投运时应先启动油泵，再开启水系统；停运操作先停水后停油泵；冬季停运时将冷却器中的水放尽。变压器的充电应在有保护装置的电源侧用断路器操作，停运时应先停负载侧，后停电源侧。在无断路器时，可用隔离开关投切 110 kV 及以下且电流不超过 2 A 的空载变压器；用于切断 20 kV 及以上变压器的隔离开关，必须三相联动且装有消弧角；装在室内的隔离开关必须在各相之间安装耐弧的绝缘隔板。若不能满足上述规定，又必须用隔离开关操作时，须经本单位总工程师批准。允许用熔断器投切空载配电变压器和 66 kV 的站用变压器。

④ 新装、大修、事故检修或换油后的变压器，在施加电压前静止时间不应少于以下规定：

110 kV 及以下 24 h；

220 kV 及以下 48 h；

500 kV 及以下 72 h。

⑤ 在 110 kV 及以上中性点有效接地系统中，投运或停运变压器的操作，中性点必须先接地。投入后可按系统需要决定中性点是否断开。

⑥ 干式变压器在停运和保管期间，应防止绝缘受潮。

⑦ 消弧线圈投入运行前，应使其分接位置与系统运行情况相符，且导通良好，消弧线圈应在系统无接地现象时投切。在系统中性点位移电压高于 0.5 倍相电压时，不得用隔离开关切投弧线圈。

⑧ 消弧线圈中一台变压器的中性点切换到另一台时，必须先将消弧线圈断开后再切

换。不得将两台变压器的中性点同时接到一台消弧线圈的中性母线上。

（3）瓦斯保护装置的运行。

① 变压器运行时瓦斯保护装置应接信号和跳闸，有载分接开关的瓦斯保护装置应接跳闸。用一台断路器控制两台变压器时，当其中一台转入备用时，应将备用变压器重瓦斯保护装置改接信号。

② 变压器在运行中滤油、补油、换潜油泵或更换净油器的吸附剂时，应将其重瓦斯保护装置改接信号，此时其他保护装置仍应接跳闸。

③ 当油位计的油面异常升高或呼吸系统有异常现象，需要打开放气或放油阀门时，应先将重瓦斯保护装置改接信号。

④ 在地震预报期间，应根据变压器的具体情况和气体继电器的抗震性能，确定重瓦斯保护装置的运行方式。地震引起重瓦斯保护装置动作停运的变压器，在投运前应对变压器及瓦斯保护装置进行检查试验，确认无异常后方可投入。

（4）变压器分接开关的运行与维护。

① 无励磁调压变压器在变换分接时，应做多次转动，以便消除触头上的氧化膜和油污。在确认变换分接正确并锁紧后，测量绕组的直流电阻。分接变换情况应作记录。10 kV 及以下变压器和消弧线圈变换分接时的操作和测量工作，也可在现场规程中自行规定。

② 变压器有载分接开关的操作，应逐级调压，同时监视分接位置及电压、电流的变化；单相变压器组和三相变压器分相安装的有载分接开关，宜三相同步电动操作；有载调压变压器并联运行时，其调压操作应轮流逐级或同步进行；有载调压变压器与无励磁调压变压器并联运行时，其分接电压应尽量靠近无励磁调压变压器的分接位置。应核对系统电压与分接额定电压间的差值，使其符合规定。

③ 变压器有载分接开关的维护，应按制造厂规定进行，无制造厂，可参照以下规定：运行 6～12 个月或切换 2000～4000 次后，应取切换开关箱中的油样作试验；新投入的分接开关，在投运后 1～2 年或切换 5000 次后，应将切换开关吊出检查，此后可按实际情况确定检查周期；运行中的有载分接开关切换 5 000～10 000 次后或绝缘油的击穿电压低于25 kV 时，应更换切换开关箱的绝缘油；操作机构应经常保持良好状态。长期不调和有长期不用的分接位置的有载分接开关，应在有停电机会时，在最高和最低分接间操作几个循环。

④ 为防止开关在严重过负载或系统短路时进行切换，宜在有载分接开关控制回路中加装电流闭锁装置，其整定值不超过变压器额定电流的 1.5 倍。

## 三、电压互感器的运行规定

### 1. 正常运行

（1）500 kV、220 kV 线路出线侧的电容式电压互感器在运行中兼作通讯和保护通道。

（2）运行中的 PT 二次回路应可靠接地，不得短路。

（3）停用 PT 或取下二次保险（拉开空气小开关）前应考虑 PT 所连接的继电保护、自动装置及计量仪表的运行情况，做好防误动、PT 倒送电措施和计量装置底数记录。

（4）更换 PT 二次电缆或改变 PT 二次回路接线后，未经定相，不得以任何方式将该PT 与另一台 PT 二次并列。

（5）PT 接临时负载时，应充分考虑 PT 的负载能力是否满足要求，必须装设专用的刀闸和可熔保险。

（6）CVT（电容式电压互感器）可在 1.2 倍额定电压下长期运行，1.5 倍额定电压下运行 30 s，对于 F 型（用于中性点非有效接地系统）可在 1.9 倍额定电压下运行 8 h。

（7）CVT 不接载波装置时，N、X 端子必须可靠短接。

（8）PT 由运行转为备用操作时，应先拉二次侧空气小开关（保险），再拉一次侧刀闸。由冷备用转为运行操作时，必须先合一次侧刀闸，检查充电正常后再合 PT 二次侧空气小开关（或插保险）。

（9）220 kV 母线倒闸，对电压切换的要求：倒母线操作时，合上某一段母线刀闸，应在线路保护屏、母差及失灵保护屏、电度表屏上检查对应回路指示正常后，方可拉开另一段母线刀闸，防止切换不到位，确保二次电压不间断；拉开另一段母线刀闸后应检查电压切换继电器可靠切换，防止二次电压长期并列；倒闸元件全部倒向另一母线后应全面检查一次，确认各元件（包括电度表计量和保护装置电压切换元件）均可靠切换后方可将母线停电。

（10）当 220 kV I、II 母线 CVT 其中一台检修，而该母线上的出线运行方式不变，由其余任一台 CVT 提供保护和测量二次电压时，将 CVT 二次并列，此时 I、II 母联开关必须在运行状态，并应检查并列开关合上后的一次电压切换是否正常。

（11）CVT 结合滤波器在正常运行中不得开启，如确因工作需要开启时，应先合上一次末端的接地刀闸，以防危及工作人员安全。正常运行时 CVT 一次末端接地刀闸应在分开位置，运行状态下严禁合闸，如工作需要时，应征得调度的许可，停用有关高频保护后方可合上。检修状态下的操作，由修试人员进行。

（12）检修电压互感器，必须做好安全措施，防止低压侧反充电。

（13）接线盒中的 d1、d2（或称 da、dn）端子是阻尼器连接端子，运行中必须保证可靠连接，不允许松动。

（14）禁止用隔离开关拉开有故障的电压互感器。发现电压互感器内部有异常声音时，值班人员应立即断开二次空气开关，取下低压保险，然后向省调申请拉开上一级电源。

**2. 巡视检查**

（1）正常巡视。

① 设备外观完整、无裂纹、放电现象。

② 一、二次引线接触良好，接头无过热，各连接引线无发热、变色现象。

③ 外绝缘表面清洁、无裂纹及放电现象。

④ 金属部位无锈蚀，底座、支架牢固，无倾斜变形。

⑤ 构架、遮栏、器身外涂漆层清洁、无爆皮掉漆。

⑥ 瓷套、底座、阀门和法兰等部位应无渗漏油现象。

⑦ 油位、油色应正常；SF6 气压正常。

⑧ 无异常声音及异味。

⑨ 端子箱熔断器和二次空气开关正常。

⑩ PT 各部位接地可靠。

⑪ 注意电容式电压互感器二次电压无异常波动。

（2）特殊巡视。

① 以下情况需要进行特殊巡视：在高温、大负荷运行前；大风、雾天、冰雪、冰雹及雷雨后；设备变动后；设备新投入运行后；设备经过检修、改造或长期停运后重新投入运行后。异常情况下的巡视，主要是指设备发热、系统冲击、内部有异常声音等。

② 特殊巡视的项目和要求

除正常巡视项目外，应注意的情况还有：大负荷期间用红外测温设备检查互感器内部、引线接头发热情况；大风扬尘、雾天、雨天外绝缘有无闪络、损伤。

**3. 电压互感器的维护**

（1）互感器外壳每年至少清扫一次。

（2）每季度应检查一次端子箱内有无异常，二次小开关或熔断器有无异常跳闸或熔断现象。

（3）运行维护工作由运行人员负责，并按有关规定与专责一同进行。

（4）电压互感器端子箱内的加热器检查，并按要求投退（每季一次）。

（5）异常运行及事故处理：

① PT 二次电压回路失压。

现象：后台监控机发出该电压回路断路信号，警铃报警，对应的线电压数据消失或无指示，有功、无功数据降低或为零。

处理方法：汇报调度，按调度命令退出与该 PT 二次电压回路有关的保护（详见二次规程）压板。如在电压互感器二次回路尚有作业人员，应立即停止其工作，并检查作业现场是否异常；切换电压切换把手，检查电压有无变化。关闭警报，检查记录监控后台机所发出的信号名称，各种数据的数值，并向调度汇报。

检查 PT 有无异声、异状，检查 PT 二次空气开关是否跳开，如跳开则重新合上空气开关。

（此条针对 35 kV PT）如果二次侧均正常，则应根据当时现象，判断高压保险是否熔断，必要时可停用 PT，做好安全措施后检查和更换高压保险。（此条针对 220 kV PT）如果一、二次空气开关均正常，在确认二次无短路现象时，可汇报调度，按调度命令断开 PT 二次空气开关，用另一 PT 代供其二次电压；确认 PT 二次电压恢复正常后，方可按调度命令投入其保护出口压板。经检查未能发现异常应通知检修单位处理。

② 互感器本体故障。

现象：互感器内部有放电声及不正常噪声或油面不断上升，油色变黑，油标处向外溢油；接地信号动作，二次电压一相或两相为零，其他两相或一相电压升高。

故障处理：应马上将设备故障情况向调度汇报，申请停电，汇报站领导和专责工程师。当 35 kV PT 故障在高压保险三相熔断时，可以直接拉开 PT 刀闸。220 kV、500 kV PT 故障需向调度申请，进行倒闸操作。若故障互感器起火爆炸或有强烈异声发生，应先断开电源然后向调度汇报，并同时做好安全措施，再用干式灭火器或沙灭火。

③ 独立单元二次电压消失的处理。

当该单元电压断路信号发出后，首先按规定退出有关保护出口压板，解除警报。如在二次电压回路尚有作业人员，应立即停止其工作，并检查作业现场是否异常，同时汇报调度。检查该 PT 所供其他单元无异常，确认 PT 二次空气开关（保险）正常。220 kV 开关单元还应检查辅助接点接触是否良好，与一次设备的实际位置是否对应；否则应向调度申请倒闸或采取其他措施；检查电压回路的节点和元件是否有松动、混线、断线和短路等现象，切换回路有无接触不良。检查时，做好防止误动保护措施。

④ 对异常情况可能发展为故障的处理，应立即汇报调度，使用断路器对故障电压互感器进行隔离。

⑤ 电压互感器发生下列情况时，应向调度申请停运处理：

互感器内部有严重的放电声和异常声音；互感器爆炸或喷油着火，本体有过热现象；引线接头严重发热烧红。严重漏油，看不见油位。套管破裂，有严重的放电现象。35 kV PT 高压熔断器连续熔断 2～3 次。

## 四、电流互感器

### 1. 电流互感器的运行规定

（1）在运行时，二次侧不允许开路。

（2）二次侧必须可靠接地。

（3）在工作时，需更换继电器（或仪表），用短接线短接之后进行更换。

（4）不得长期过载运行，否则造成铁芯发热，导致寿命变短。

（5）注意端子极性，不能接反，L1 与 K1 为同名端，L2 与 K2 为同名端。

### 2. 常见故障

（1）铁芯穿心螺丝松动，硅钢片间震动发出响声。

（2）外壳受电动力作用发出响声。

（3）一次线圈短路、烧坏（二次线圈间短路、变比选择不当，造成长期过负荷运行、烧坏绝缘）。

（4）雷电流烧坏绝缘。（户外安装的）

（5）绝缘老化造成二次绕组匝间短路。

（6）运行中铁芯发热，由于二次回路开路导致铁芯磁饱和造成的。

### 3. 巡视检查

（1）检查瓷瓶无裂纹、放电痕迹。

（2）检查接点，接头无发红、发热、引线断股，连接螺丝无松脱。

（3）无异常响声、外观无严重污垢。

（4）端子箱无异常、端子无异常、松脱开路。

（5）检测接头温度。

### 4. 特殊巡查

（1）设备异常运行时、天气异常和雷雨过后，加强巡视时间。

（2）下雪时，重点检查接头、接点处雪融情况。

## 五、高压开关柜的操作及保养规程

### 1. 操作规程基本要求

（1）一切高压操作均需向片区供电所报告并获得批准。

（2）一切操作任务（事故情况下除外）都应执行操作票制度。

（3）一切操作必须由两名正式值班电工（两证齐）来进行。其中一人操作，另一人唱票及监视，并要穿戴合格的防护用具。

（4）严格按操作票规定的操作步骤进行，不得任意简化。操作完毕后，应在模拟图板上正确反映出系统中各设备的运行状态。

（5）操作票须由主管人员进行审查签字后，方可执行。

（6）环网进线柜，出线柜严禁操作。若供电局人员操作，须核实其身份，并在操作票上签名。

**2. 停电的操作步骤**

（1）若本大厦（小区）变压器高压侧须停电，则需由班长填写操作票，管理处由主管机电副主任审查，机电公司由主管工程师审查。

（2）操作人明确操作票内容，核对要停电的变压器及控制该变压器的高压开关柜。

（3）按操作票在监控下进行停电操作。

（4）停电后进行验电，悬挂警告牌。

（5）操作完毕向主管人员汇报。

**3. 送电的操作步骤**

（1）填写操作票，审查操作票。

（2）明确操作票的内容，核对要送电的设备。

（3）拆除停电警告牌。

（4）在监护下按操作票进行合闸送电操作。

（5）操作结束后，向主管人员汇报。

**4. 高压开关柜的养护**

（1）检查高压柜接地是否良好，可靠。

（2）检查高压电缆，电缆头有无老化，破损，放电现象，有无异常声响。

（3）检查六氟化硫压力是否正常，有电显示是否正常。

（4）若无任何异常，清扫柜外壳灰尘。

（5）检查高压开关操作机构电源是否正常。

（6）若发现异常情况，及时报告，请电力局专业公司维修。

# 六、低压配电柜的检修、维护、保养规程及注意事项

**1. 低压配电柜的检修、维护、保养规程**

本规程适用于低压配电柜每年总体检查、保养，用最少的停电时间完成检修。

（1）检修前必须经得分厂或工段的批准。

（2）检修前办理好停送电手续并通知其他人停电的时间和范围。

（3）检修时应从变压器低压侧开始。配电柜断电后，清洁柜中灰尘，检查母线及引下线连接是否良好，接头点有无发热变色，检查电缆头、接线桩头是否牢固可靠，检查接地线有无锈蚀，接线桩头是否紧固。所有二次回路接线连接可靠，绝缘符合要求。

（4）检查抽屉式开关时，抽屉式开关柜在推入或拉出时应灵活，机械闭锁可靠。检查抽屉柜上的自动空气开关操作机构是否到位，接线螺丝是否紧固。清除接触器触头表面及四周的污物，检查接触器触头接触是否完好，如触头接触不良，必要时可稍微修锉触头表面，如触头严重烧蚀（触头点磨损至原厚度的 1/3）应更换触头。电源指示仪表、指示灯完好。

（5）检修电容柜时，应先断开电容柜总开关，然后进行验电，再用 10 mm² 以上的一根导线逐个把电容器对地进行放电后，外观检查壳体良好，无渗漏油现象，若电容器外壳膨胀，应及时处理，更换放电装置、控制电路的接线螺丝及接地装置。合闸后进行指示部分及自动补偿部分的调试。

（6）受电柜及联络柜中的断路器检修。

先断开所有负荷后，用手柄摇出断路器。重新紧固接线螺丝，检查刀口的弹力是否符合规定。灭弧栅是否破裂或损坏，手动调试机械联锁分合闸是否准确，检查触头接触是否良好，必要时修锉触头表面，检查内部弹簧、垫片、螺丝有无松动、变形和脱落。

**2．注意事项**

（1）检修过程中必须设专人监护。

（2）工作前必须验电。

（3）施工前和施工后必须要点清工具，严禁将工具遗漏在配电柜内。

（4）检修人员应对整个配电柜的电气机械联锁情况熟悉并熟悉操作。

（5）检修中应详细了解哪些线路是双线供电。

（6）抽出控制柜时，不要将停送电牌子弄掉或者挂错，要维护一个抽一个，严禁将所有柜子一起抽出维护。

## 七、低压电器设备的维护规程

**1．维护检查的内容**

所有低压电器，在送电前或在交接班之后，必须进行静态检查，只有确认无异常状态方可送电运行，检查内容如下：

（1）各种开关在断电情况下进行操作，检查机构是否灵活，接点接触是否良好，导线连接是否牢固。

（2）各种继电器、接触器动作要灵活可靠，可动部分是否有卡劲现象存在。

（3）所有紧固及联接螺丝、螺帽必须固紧，防止松脱。

（4）可逆接触器的机械联锁是否灵活。

（5）万能转换开关的手柄自复位及传动片动作要灵活可靠。

（6）熔断器、电磁铁电动气阀、电阻箱、变阻器等要处于良好状态。

（7）信号系统正常可靠。

（8）对保护继电器和保护用行程开关要进行重点检查，确认处于良好状态。

（9）对电气控制系统进行必需的空操作，用以检查动作程序和动作的可靠性。

（10）熔断器的更换要注意选用同种规格，型号的熔片，熔丝或熔断器。

**2．运行中低压电器的检查内容**

（1）各种开关导电部分和接头部分是否有发热现象，接触要良好。

（2）接触器、继电器、电磁铁、电磁开关，运行时声音是否正常，线圈温升是否正常。

（3）检查电阻器和变阻器的发热情况。

（4）各种保护继电器的工作状态是否符合要求。

（5）电磁铁的工作情况是否满足生产要求。

（6）对于保护机械位置及用于联锁的行程开关，限位开关或接近开关要定期检查调整，每月不得少于一次，且同生产和机械人员共同试验，要确保动作可靠。

（7）对于电气系统中各种保护整定值，不得做随意改动。

（8）设备运行中，严禁用手推接触器及继电器的可动部分，不得擅自取消各种联锁和保护装置。

（9）检查电器的各种保护罩是否完好。

（10）值班人员在巡视检查中，发现异常情况，应记录于交接日记中，以便设备停止运转时修理。必要时向有关人员联系及时进行停车检修。

**3. 检修规程**

1）低压电气设备的检修周期

低压电气设备的检修周期如附表1-2所示。

**附表1-2 低压电气设备检修周期表**

| 序 号 | 名 称 | 定期检修 | 更新性检修 |
|---|---|---|---|
| 1 | 自动开关 | 6个月 | 6年 |
| 2 | 电磁开关 | 3个月 | 3年 |
| 3 | 按钮开关 | 1个月 | 3年 |
| 4 | 刀开关 | 6个月 | 10年 |
| 5 | 万能转换开关 | 1个月 | 2年 |
| 6 | 控制器 | 1个月 | 2年 |
| 7 | 限位开关 | 12个月 | 12年 |
| 8 | 继电器 | 1个月 | 5年 |
| 9 | 接触器 | 1个月 | 5年 |
| 10 | 熔断器 | 1个月 | |
| 11 | 电磁抱闸 | 1个月 | 1年 |
| 12 | 电磁阀 | 1个月 | 1年 |
| 13 | 电阻器 | 3个月 | 8年 |
| 14 | 变阻器 | 2个月 | 8年 |

2）低压电气设备的检查内容

（1）熔断器、接触器、电磁开关。

① 机械部分。

可动部分轴，衔铁检查，要消除卡劲，动作迟缓等缺陷，使衔铁动作灵活，且与衔铁接触良好；消弧罩安装正中，且完好无缺；机械联锁检查，联锁接点应通断可靠；固定螺钉、螺帽检查紧固；连接导线检查紧固；绝缘检查，达到 1 MΩ/kV 标准。

② 接点部分。

触头应清洁无毛刺，铜触头应无氧化物，可通过清洗或刮磨处理，对烧损达三分之一以上的触头或镀银触头磨损露铜时应进行更换；检查触头有锈斑和烧伤者，应取下用细锉磨光，处理时要保持原来弧度，且表面光滑，然后用布擦净，动静触头接触面要达到 75％以上；触头的同步差应不大于 0.5 mm，检查方法以手慢慢推合衔铁，仔细观察每对触头的接触情况，看有无先后之差，差值是否在规定范围内；断开距离检查和测定接点压力，如果断开距离不适当，闭合时接点压力不适合，要通过更换或调整弹簧，或更换触头的方法来达到要求；动静触头宽度相等者，闭合时触头应当对齐，相互错开不得大于 1 mm，静触头比动触头略宽者，相互错开不得大于 2 mm。

③ 磁系统部分。

磁铁要紧固防止松动；接触面要检查清洗，确保 60％～70％的工作面接触；接触面要光，使之吸合时接触紧密，防止出现噪声；短路环检查，发现断裂要焊补或更换。

④ 线圈部分。

线圈的引线牢固，无折伤痕迹，线圈内侧无卡伤痕迹，且要固紧在导磁体上；线圈在85％的额定电压下工作，应能可靠动作，用 500 V 摇表测绝缘电阻，不得少于 0.5 MΩ。

（2）各种开关类：自动开关，按钮开关。

① 主触点及各辅助触头，是否有磨损或烧伤，是否要进行修理或更换。

② 操作机构和脱扣器机构要检查调整，动作要灵活可靠。

③ 检查过流整定是否符合规定，热元件是否损坏，必要时要适当调整或更换。

④ 检查消弧装置是否破裂和有无松动情况，有无卡阻触头的现象存在。

⑤ 检查绝缘件有无损坏，且用 500 V 摇表测绝缘电阻，不得小于 0.5 兆欧。

⑥ 进出线连接螺丝要紧固，主触头的压力要适合，不符合要求时，可分别调整相应触头后面的弹簧或螺丝来达到要求。

（3）刀开关。

① 检查刀闸各部位的过热现象，绝缘杆无损坏。

② 检查并紧固刀闸各连接部分的螺丝应紧固无松动。

③ 合闸时，每一个刀片应同时并顺利进入固定触头，不应有卡阻或歪斜现象。

④ 触头有氧化层，要用细纱布打光，刀片与固定触头要清扫干净，且接触面不少于整个接触面的 75％。

⑤ 底盘绝缘应良好，装配紧固，固定触头的钳口应有足够的弹力，进出线连接要保持足够的接触面，且连接螺丝要固紧。

（4）电阻器。

① 电阻箱及变阻器要定期吹灰清扫，支撑绝缘子要清洁无破损。

② 电阻端部与出口线及电阻的连接线要接触紧密牢固，无过热烧损痕迹。

③ 电阻匝间或片间排列均匀无重叠松散情况，无过热烧损痕迹。

④ 电阻架牢固可靠，各紧固螺丝固紧，绝缘电阻用 500 V 摇表检查，应不少于 0.5 兆欧。

⑤ 变阻器手柄位置要正确，滑动部分清洁且接触良好。

⑥ 发现异常情况，要进行处理或予以更换。

（5）控制器及万能开关。

① 定位装置可靠，控制手柄指示与实际位置一致且转动灵活。

② 检查凸轮及电木磨损情况，触头无烧损痕迹，且接触良好，压力适当。

③ 出入线连接要保持足够的接触面，连接螺丝固紧，无过热烧伤痕迹。

④ 定期清扫吹灰，用 500 V 摇表检查绝缘电阻不少于 0.5 兆欧。

⑤ 发现异常情况要处理或更换。

（6）限位开关。

① 检查开闭位置是否合适或是否需要经过调整修理，更换，使开、合位置达到要求，且机构灵活工作可靠。

② 进出线连接要牢固可靠，检查绝缘是否合格。

（7）熔断器。

① 检查可熔片或熔丝是否符合标准。

② 熔断器内部安装大于熔断器额定电流的熔片或熔丝。

③ 保险片或熔丝熔断后，要查明故障原因后方可更换相应的备件。

④ 熔断器的熔片或熔丝与固定接头接触要紧密。

⑤ 严禁以不符合规定的熔体代替熔片或熔丝。

（8）电磁抱闸。

① 线圈放置安装正确，可动衔铁吸合释放无卡住和磨损现象。

② 抱闸架动作要灵活可靠。

③ 线圈不过热，衔铁间隙适中。

④ 磁铁表面清洁，接触紧密不歪斜。

⑤ 接线牢固可靠，绝缘合乎要求。

⑥ 电磁抱闸要检查调整制动器和制动轮的间隙，使它符合生产的要求。

（9）电磁阀。

① 动作灵活无卡劲现象。

② 本体清洁，安装牢固且不受外物碰撞。

## 八、避雷器的检修规程

金属氧化物避雷器检修周期每年一次，检修项目及质量标准见附表 1-3 所示，试验项目、周期和要求见附表 1-4 所示。

**附表 1-3  避雷器检修项目及质量标准**

| 检 修 项 目 | 质 量 标 准 |
| --- | --- |
| 清扫避雷器表面 | 瓷套表面清洁无损 |
| 更换已锈蚀的螺栓，已腐蚀的连接线、引下线 | 接触面接触良好，连接线，引下线无断股、散股现象，各部分螺栓紧固。接触面接触 |
| 电气试验（见试验项目、周期和要求） | 各项试验项目均合格 |

**附表 1-4 金属氧化物避雷器的试验项目、周期和要求**

| 项　目 | 周　期 | 要　求 | 说　明 |
|---|---|---|---|
| 绝缘电阻 | 发电厂、变电所避雷器每年雷雨季前必要时 | 35 kV 以上，不低于 2500 兆欧；35 kV 及以下，不低于 1000 兆欧 | 采用 2500 V 及以上兆欧表 |
| 泄漏电流 | 电厂、变电所避雷器每年雷雨季前必要时 | 不得低于 GB11032 规定值 $U_{1ma}$ 实测值与初始值或制造厂规定值比较，变化不应大于 $\pm\mu A$ | 要记录试验时的环境温度和相对湿度；测量电流的导线应使用屏蔽线。初始值系指交接试验或投产试验时的测量值 |
| 工频参考电流下的工频参考电压 | 必要时 | 应符合 GB11032 或制造厂规定 | 测量环境温度 $20\pm15$ 摄氏度。测量应每节单独进行，整相避雷器有一节不合格，应更换该节避雷器(或整相更换)，使该相避雷器为合格 |
| 底座绝缘电阻 | 发电厂、变电所避雷器每年雷雨季前必要时 | 自行规定 | 采用 2500 V 及以上兆欧表 |
| 检查放电计数器动作情况 | 发电厂、变电所避雷器每年雷雨季前必要时 | 测试 3～5 次均应正常动作，测试后计数器指示应调到"0" | |

# 附录 2　变电所相关制度

## 一、变电所安全运行操作规程

变电所安全运行操作规程如下：

(1) 变电所的配电设备，每班至少巡视一次。

(2) 变电操作必须严格执行动力主管者的命令，必须有动力主管者签发的工作票。

(3) 值班人员在停电时必须填写操作票，并在模拟盘上操作核对无误后，按照先合隔离开关后合油断路器（真空断路器）；先断开油断路器（真空断路器），后断开隔离开关的顺序进行操作。

(4) 倒闸操作时必须两人进行，一人操作，一人监护。

(5) 当有人在变电所或线路工作时，应在变电所的相应隔离开关的手柄上，悬挂在此工作的标示牌，并对工作点的线路或设备进行验电，挂上地线。

(6) 发生事故跳闸后，应查清故障原因，将事故排除，并得到动力主管部门许可后方可送电。

## 二、变电所值班人员的职责

变电所值班人员的职责如下：

(1) 值班人员在值班时间内，应严格遵守纪律，服从命令，坚守工作岗位，熟悉并遵守各项相关规程。

(2) 在值班时间内，按规定进行巡视、操作、维护、发现问题及时报告。

(3) 与工作无关人员，禁止进入变电所，有事者必须登记。

(4) 严格执行交接班制度，未交班者不得擅自离开工作岗位。

(5) 交接班时，应将设备运行情况，当班未完成的工作，全部报表，记录，安全用具及公用工具、仪表等交代清楚。

(6) 值班人员应保持室内环境卫生。

(7) 对所有记录，报表要认真填写，妥善管理，按规定上报和保存。

(8) 值班人员应定期对所有设备进行全面检查，并将检查情况上报主管部门。

## 三、交接班制度

变电所的交接班制度如下：

(1) 值班人员按规定的值班方式和值班轮流表值班，未经所领导同意，不得擅自缺勤或替班。

(2) 值班人员须按规定时间接班，未履行交接手续前交班人员不得离岗。

(3) 禁止在事故处理或倒闸操作中交接班，交接班时如遇事故应停止交接班，由交班人员负责处理，接班人员在交班值班长指挥下协助处理，一般在交班前三十分钟停止正常操作。

(4) 变电所的交接内容如下：

① 系统运行方式。

② 设备异常、缺陷处理情况。

③ 事故处理、倒闸操作。

④ 设备维修试验情况，安全措施的布置，地线组数、编号、位置及使用中的工作票情况。

⑤ 保护装置和自动装置变化情况，各种警报、信号试验情况。

⑥ 尚未执行的操作命令。

⑦ 仪器、工具、材料、消防器材完备情况。

⑧ 设备、环境整洁卫生情况。

⑨ 领导指示。

⑩ 与运行有关的其他事项。

（5）交接时必须严肃认真，一丝不苟，衣帽整齐，精神集中，不作其他活动，做到"交的细致，接的明白"。

（6）交接时，由交班值班长向接班值班长及全体值班员做全面交代，接班值班人员要进行巡视检查。

（7）交接检查后，双方值班长应在运行记录簿上签字，并试验电话、核对时钟。

## 四、设备缺陷管理制度

设备缺陷管理制度如下：

（1）变电所发现的设备缺陷，无论消除与否，均应由值班负责人记入设备缺陷记录簿内，并向上一级领导汇报。当班人员要加强监视，交接班时详细交代。如发现设备重大缺陷，应立即向主管部门和电业部门汇报。

（2）当班发现的设备缺陷应立即消除或采取措施。当班不能消除的缺陷，应报告领导安排处理。

（3）每项设备缺陷均应填写缺陷内容、发现日期、发现人、所领导批示以及缺陷消除日期、处理情况等。

（4）主管领导应定期检查一次设备缺陷记录簿，了解设备缺陷消除情况，并提出具体要求。

## 五、设备巡回检查制度

设备巡回检查制度如下：

（1）值班人员对运行和备用（包括附属）设备及周围环境，按运行规程的规定进行定期巡视。

（2）遇有下列情况由值班长决定增加巡视次数：

① 设备过负荷或负荷有显著增加时。

② 新装、长期停运或检修后的设备投入运行时。

③ 设备缺陷有发展，运行中有可疑现象时。

④ 遇有大风、雷雨、浓雾、冰冻等天气变化时。

⑤ 根据领导的指示加强巡视等。

（3）巡视后向班长汇报，并将发现的缺陷记入设备缺陷记录簿向领导汇报。

（4）变电所所长、专责工程师（技术员）每周分别进行监督性巡视一次（每月至少有一次夜间巡视），并做好记录。

（5）巡视时，遇有严重威胁人身和设备安全的情况，应按事故处理有关规定进行处理，并同时向领导汇报。

## 六、值班员岗位责任制

值班员岗位责任制如下：

（1）在值班长领导下，完成本班的设备巡视、运行记录、倒闸操作、事故处理、设备维护等工作。

（2）认真、严肃、正确地执行各项规程制度，遵守运行纪律。

（3）正确填写倒闸操作票，做好操作准备工作，并迅速正确地执行操作任务。

（4）认真做好各种表计、信号和自动装置的监视，在值班长统一指挥下迅速正确地处理事故。

（5）做好设备及室内外整洁卫生工作，搞好文明生产。

（6）加强学习做到"三熟三能"。

# 参 考 文 献

[1] 刘介才. 工厂供电[M]. 第 5 版. 北京：机械工业出版社，2009.

[2] 刘常生. 低压成套开关设备[M]. 北京：中国水利水电出版社，2008.

[3] 陈文孝. 工业及民用电气装置管理规程[M]. 呼和浩特：内蒙古人民出版社，1993.

[4] 吕千. 进网作业电工培训教材[M]. 辽宁：辽宁科学技术出版社，1992.

[5] 王金笙，李秋林，郭春时. 电力工程变电运行与检修专业[M]. 北京：中国电力出版社，2002.

[6] 王玉华，赵志英. 工厂供配电[M]. 北京：北京大学出版社，2006.